청소년이 함께 살아야 할

로봇과 AI

청소년이 함께 살아야 할

로봇과 AI

전승민 지음

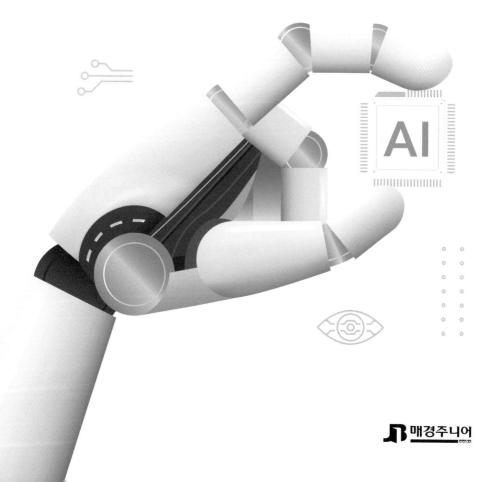

매경주니어books

과학기술분야 전문기자로 살아온 세월이 어느덧 20년이 훌쩍 지나갔습니다. 다행히 많은 분들께서 좋게 보아 주신 덕분에, 취재하고 공부했던 많은 내용을 하나둘 모아 꾸준히 책으로도 출간할 수 있었습니다. 그중 몇 권의 책은 '베스트셀러'라는 타이틀이 붙을 정도로 많은 분들의 사랑을 받고 있기도 합니다. 부족한 사람이 큰 복을 받은 게 아닐까 여겨질 때가 있습니다.

주위의 기자들이 필자를 보고 '로봇에 미친 사람'이라고 이야기하곤 했었습니다. 소위 '단독기사'를 놓치게 된 주위 기자들의 시기와 칭찬이 고루 섞인 표현이었던 것 같습니다. 당시 한국 최고의 로봇 연구팀으로 꼽기에 부족함이 없었던 '한국과학기술원(KAIST) 휴머노이드 로봇 연구팀', 유압식 로봇 기술 분야에서 독보적 역량을 갖추고 있는 '한국생산기술연구원' 등에서 새롭게 개발된 로봇은 대부분 필자가 가장 먼저 보도했었지요. 현재는 현장 취재를 많이 나가지 못합니다만, 여전히 로봇기술 동향만큼은 꾸준히 파악하고, 또 공부하고 있습니다.

어느 날, 새롭게 '인공지능(AI)'에 대한 새로운 책을 출간하게 돼 주위에 자랑을 좀 했었습니다. 그 이야기를 들은 친한 선생님

한 분께서 "그 책을 읽으면 나도 미래 사회의 모습에 대해 좀 알 수 있게 되는 거냐?"고 질문해오신 적이 있습니다. 그래서 "AI에 대한 원리와 개념을 담은 책이지, 미래가 어떻게 될지를 알려 주는 책은 아니다"라고 답을 해드렸는데, 그 선생님은 다시 이런 이야기를 했습니다.

"AI의 기본원리를 설명하는 책은 서점에 나가 보면 잔뜩 쌓여 있다. 그런데 막상 나 같은 사람은 복잡한 내용 다 빼고 '앞으로 세상이 어떻게 변할지' 그것이 가장 궁금한데, 그런 내용은 아무도 알려주지 않는다."

이 이야기를 들은 순간 '아, 나를 포함해서 많은 기자와 저술가들이 굉장히 중요한 부분을 빠뜨리고 있구나'라고 생각했습니다. 저술가란 독자들이 책을 보아주기 때문에 존재할 수 있습니다. 그런 점을 등한시했다는 지적을 받으니 몹시 창피했던 기억이 납니다.

미래란 불확실한 것입니다만, 기술의 발전은 분명한 방향이 있습니다. 과학기술의 원리만 충분히 이해한다면, 세상이 어떻게 바뀌어 갈지, 그 큰 흐름은 충분히 예측할 수 있습니다.

그래서 다시 한번 생각을 해봤습니다. 사람들은 'AI 세상이 되고 있다'고 이야기하고, 이 흐름은 이미 거스를 수 없는 대세가 됐습니다. 그런데, 그런 세상이 되면 우리가 사는 모습은 과연 어떻게 변할까요? 그 모습을 가장 알기 쉽게 설명할 수 있는 방법은 어떤 것이 있을까요?

그때 생각해낸 것이, 필자가 가장 자신 있게 설명해드릴 수 있는 분야인 '로봇'이었습니다. 이런 주제로 이야기하는 사람은 거의 보지 못했습니다만, 필자는 세상의 변화가 반드시 '로봇'을 통해 이뤄질 것이라고 확신하고 있습니다. 그 이유는 간단합니다. AI가 우리 인간을 도와 어떤 일을 하려고 하면, 그때는 반드시 로봇이 필요하기 때문입니다. 로봇이 없는 AI는 그저 컴퓨터나 스마트폰 속에서 인간이 시키는 대로 계산하고, 그 결과를 보여줄 뿐입니다.

하지만 로봇을 만난 AI는 현실세계에서 일을 할 수 있게 됩니다. 그렇게 되면 사람들이 일하는 방식이 바뀌고, 더 나아가면 세상이 움직이는 체계가 바뀝니다. 필자를 포함해 많은 기자와 저술가들이 그간 간과한 부분은, 바로 로봇과 AI를 연관지어 설명할 생각을 하지 못했기 때문은 아닐까요?

이 책을 쓰면서 주의한 것은 크게 두 가지입니다. 먼저 'AI를 만난 로봇'이 세상을 어떻게 바꾸어 나갈지, 그 미래의 모습을 최대한 생생하게 제시하기 위해 많은 배려를 했습니다. 새 시대에 맞는 4차산업혁명과 인공지능, 로봇기술 등에 대한 기본적인 정보를 최대한 알기 쉽게 담기 위해 애썼고, 그런 AI를 어떻게 활용해야 할지, 로봇은 AI를 통해 어떻게 움직일지, 그래서 미래 사회가 어떻게 변해나갈지를 최대한 상세히 담기 위해 노력했습니다.

두 번째로는 '최대한 쉽게 써보자'고 생각한 것입니다. 책을 사 보면 난해한 이야기를 잔뜩 적어 두면서 아는 척을 하는 전문가를 자주 볼 수 있습니다. '이 편이 더 정확하다'고 이야기하는 사람도 있고, '이렇게 설명할 수밖에 없다'고 이야기하는 사람도 있습니다. 하지만 글이란 정보 전달의 수단입니다. 글을 쓴 사람이 아무리 '이게 옳다'고 이야기해도, 읽는 사람이 어려우면 결코 좋은 글이 아닙니다.

세상이 빠르게 변화하고 있습니다. 온갖 첨단기술이 등장하면서 우리의 생활상도 크게 바뀌고 있지요. 하지만 이런 변화도 결국 '나 스스로 적극적으로 받아들일 때' 그 가치가 있을 것 같습니다. 이 한 권의 책이, 많은 독자 여러분들의 미래를 엿볼 수 있는 작은 창이 되길 간절히 바랍니다.

경기도의 작은 작업실에서
전승민 드림

로봇은 어떻게 세상을 바꿀까

로봇의 시대, 주역은 누구인가

1장

'로봇'에 대해
알아야 하는 까닭

많은 사람들이 현대를 '인공지능(AI)'의 시대라고 부릅니다. AI의 등장에 따라 세상이 크게 바뀔 것이라는 이야기가 자주 들리지요. 1차산업혁명(증기기관혁명)시대를 지나 2차산업혁명(전기혁명), 3차산업혁명(정보화혁명)을 지나 새로운 4차산업혁명(AI혁명)의 시대가 도래했다는 이야기도 나옵니다. 아마도 지금은 4차산업혁명시대의 초반기가 아닐까 생각됩니다. 앞으로 세상은 도대체 어떻게 변해 나가게 될까요? 우리 삶의 방식은 어떻게 바뀌어 나가고, 우리 사회의 모습은 어떻게 발전해 나갈까요?

미래는 누구도 알 수 없는 것이고, 따라서 이런 질문에 정답이 없다고 여겨질 수 있습니다. 하지만 '진보의 방향' 자체는 예측이 가능합니다. 기술의 발전을 큰 흐름에서 이해한다면, 우리 사회가 나아갈 방향 정도는 누구나 짐작이 가능하겠지요.

주위를 돌아보면 이 흐름을 애써 폄하하거나, 혹은 필요 이상으로 크게 걱정하는 경우를 볼 수 있습니다. '별 쓸모없는 것을 가지고 호들갑을 떤다'고 여기는 사람들도 있고, '신기술의 급속한 발전이 많은 사람들을 실업자로 만들 것'이라 여기는 사람들도 있습니다.

어떤 경우든 이렇게 극단으로 치우친 시각은 좋지 못하겠지요. 기술의 흐름이나 사용 방법에 대한 명확한 이해 없이, 주위에서 얻을 수 있는 단편적인 정보만으로 상황을 단정하기 때문이 아닐까 여겨집니다.

미래를 대비하기 위해서는 새로운 시대에 주목받을 기술적인 사안을 충분히 알아둘 필요가 있습니다. 그리고 그 기술의 흐름은 크게 두 가지로 나눌 수 있습니다. 하나는 모두가 알고 있는 AI일 것이고, 또 다른 하나는 '로봇기술'이라 이야기할 수 있습니다. 컴퓨터를 사용하기 위해선 소프트웨어와 하드웨어가 필요한 것처럼, 미래 첨단 사회를 발전시켜 나가기 위해선 AI와 로봇기술이 모두 필요하기 때문입니다.

안타깝게도 많은 사람이 AI 한 가지에만 눈을 돌리고 있는 것 같습니다. 하지만 우리는 AI 못지않게 로봇에 관심을 쏟을 필요가 있습니다. 여러분이 미래 사회를 올바르게 이해하고, 또 영위해 나가는 과정에서 반드시 필요하기 때문입니다.

로봇 = AI + 기계장치

　'로봇기술'이 대중적으로 가장 큰 인기를 끌었던 건 아마 2000년대 초반이었을 것입니다. 당시 사람들은 '이제 21세기가 됐다. 세기가 바뀔 정도면 우리의 생활 모습도 크게 진보하지 않을까?'라는 기대가 컸지요. 그리고 과학기술이란 것은 대중의 지지가 없으면 발전하기 어렵습니다. 미래의 발전을 예측한 대중이 과학기술계를 지원해야만 연구개발 활동을 계속할 수 있으니까요. 그러니 과학기술계는 당시 첨단기술과 미래의 비전을 대중에게 알기 쉽게 보여줄 수 있는 '수단'이 필요했습니다.

🐵 왜 다시금 '로봇'이 인기를 끌까

이때와 맞물려 일본에선 사람처럼 두 발로 걷는 인간형 휴머노이드 로봇 '아시모'가 등장하게 됩니다. 아시모가 처음 등장한 것은 정확하게 2000년이었고, 이후 아시모를 따라 너도나도 두 발, 혹은 네 발로 걷는 '보행로봇' 연구에 매진하게 되죠. 한국과학기술원(KAIST)에서 한국의 대표적인 휴머노이드 로봇 '휴보' 개발을 시작한 것도, 미국에서 '아틀라스'를 개발하기 시작한 것도 모두 이 무렵이었습니다. 이런 로봇의 등장은 대중이 로봇에 관심을 갖는 계기가 됐습니다.

사실 이런 형태의 로봇은 실용성이 떨어지고, 만들 때도 불리한 점이 많습니다. 바퀴 네 개를 굴리려면 모터 네 개가 있으면 충분하겠지요. 하지만 로봇이 사람처럼, 혹은 당나귀처럼 걸어 다니게 하려면 수십 개의 고성능 구동장치(액추에이터)가 필요합니다. 하지만 로봇공학자들은 부득부득 우겨가며 마침내 사람처럼 걷고, 달리고, 춤도 추고, 점프도 하는 로봇들을 기어이 만들어냈습니다.

이런 일은 분명히 쉽지 않은 것이고, 과학기술의 발전이라는 측면에서 보면 대단히 의미 있는 경우가 많습니다. 하지만 뭔가

2011년 4월 당시 아시모의 모습

'쓸모 있는 것'을 개발하는 과정이라고 보긴 상당히 어려웠습니다. 그런데도 그 당시 보행로봇은 대단히 인기가 있는 연구 주제였지요. 겉보기에는 네모난 상자에 바퀴가 붙어 있는 로봇을 굴러다니게 만드는 일은, 비록 아무리 복잡한 기술을 총동원했다고 해도 그리 고도의 기술이 투입된 것으로 보이지는 않을 것이고, 대중에게 어필하기도 그리 쉽지 않을 테니까요. 하지만 보행로봇은 이야기가 달랐습니다. 사람들은 TV나 인터넷을 통해 인간처럼 걷고, 강아지처럼 네 발로 뛰어다니는 로봇을 보며 '머지않은 미래에 로봇이 우리 집에서 나 대신 설거지를 해줄지도 모른다'고 생각했을 것입니다.

사람들의 기대가 점점 높아지는 건 당연했습니다. 공학자들의 분투 덕분에 그 당시엔 로봇의 기계적 성능이 정말로 하루가 멀다 하고 높아졌으니까요. 어제까지는 아장아장 걷던 로봇밖에 없었는데, 오늘 갑자기 '달리기에 성공했다', '춤을 추는 데 성공했다'는 뉴스가 속속 이어졌습니다. '남들이 못 해내는 운동능력을 하루라도 빨리 구현하는 것'은 많은 로봇 연구팀들의 주요 과제가 되었습니다. 공을 던지는 로봇, 춤을 추는 로봇 등이 속속 개발되었습니다. 심지어 파쿠르(Parkour, 맨몸으로 산 등 자연, 도시나 시골의 건물이나 다리, 벽 등의 지형 및 사물을 효율적으로 이용하여 이동하는 것) 기술 중 일부를 선보이기까지 했습니다. 순수한 로봇기술, 이른바 기계공학적 로봇기술 연구가 정말로 황금기를 맞았던 시기였습니다.

하지만 많은 대중이, 심지어 로봇을 연구하고 개발하던 사람들 조차도 간과한 부분이 있었습니다. 일부 연구자들은 이 사실을 알 면서도 애써 외면했지요. 그 점은 바로 '일을 한다'는 사실에서 가 장 중요한 요소는 기계적 성능이 아니라는 점입니다.

이는 사람과 비교해서 생각해보면 명확합니다. 세상을 살아가 면서 업무 능력이 뛰어나고 다양한 일을 잘 하는 사람을 자주 볼 수 있는데, 이런 사람이 꼭 운동능력이 뛰어나지는 않습니다. 물 론 일을 하려면 일정 수준 이상의 운동능력은 꼭 갖출 필요가 있 지만, 어느 정도 기본적인 운동능력만 확보하면 그 다음부턴 지능 이 가장 중요해지게 됩니다. 심지어 체력과 운동능력이 대단히 중 요한 스포츠 분야에서도 지능이 현저하게 떨어지면 일류가 되기 어렵지요. 반대로 운동능력이 다소 떨어질지언정, 충분한 업무 능 력, 즉 지능을 갖추고 있는 사람은 많은 분야에서 일을 잘 해낼 수 있습니다.

이 책을 읽는 독자 중 운동능력이 대단히 뛰어나 '백플립(점프해 서 뒤로 한 바퀴를 도는 체조기술)'을 할 줄 아는 분도 분명 있을 것입니다 만, 대다수의 사람은 이런 운동능력이 없습니다. 하지만 아틀라스 등 일부 휴머노이드 로봇은 백플립을 해낼 정도로 성능이 뛰어납니다. 즉 이미 로봇의 기계적 운동능력은 인간의 평균적인 운동능력을 뛰어넘었다고 볼 수 있습니다. 하지만 지금도 '로봇이 일을 잘한다'고 말하기엔 어려운 단계에 있습니다.

'멋진 로봇'의 한계는 금방 찾아왔습니다. 정해진 세트에서 걷고 달리고, 장애물을 뛰어넘어 보이던 로봇이 사람들은 더 이상 신기하지 않았고, 결국 '시큰둥'하게 여기기 시작합니다. 시기를 콕 찍어 정확히 구분하긴 어렵습니다만, 어림잡아 2010년대 초중반 이후 최근까지, 약 10년간은 사람들이 로봇에 갖는 관심이 크게 줄어들었습니다. 중간에 큰 의미를 갖는 몇 번의 국제대회 등도 있었고, 로봇공학자들 역시 끊임없이 여러 종류의 로봇을 개발해왔습니다만, 그럼에도 사회적으로 '로봇'이 갖는 인기(?)는 점점 약해져 왔습니다. '그래, 로봇이 화려해 보이긴 하는데, 이걸로 뭘 할 건데?'라는 근원적 질문에 전문 로봇공학자들이 내놓을 수 있는 답은 대단히 제한적이었지요. 일부 특수상황(예를 들어 원전사고 복구 현장, 우주선 조종 등)에서 로봇은 쓸모가 대단히 높고, 꼭 필요했습니다만, 여전히 일반 대중과는 관계가 적은 분야였습니다.

하지만 최근 수년 사이 로봇기술은 극적으로 변화하기 시작했는데, 그 원인은 '로봇의 기계적 완성도'에 있었던 것이 아닙니다.

그 근본 원인은 다름 아닌 AI 기술의 급진적 발전입니다. AI가 하나씩 로봇에 적용되기 시작했고, 그 결과 다양한 형태의 '일하는 로봇'이 등장하기 시작했습니다. 그 결과 '로봇'은 다시금 크게 인기 있는 주제로 떠오르게 됩니다. 여담입니다만, 대중은 매우 현명합니다. 정보가 부족해 옳지 않은 판단을 내릴 때도 있지만, 결국은 기술의 발전이 옳은 방향으로 흘러가도록 지지하고 응원하지요. 로봇기술의 발전도 마찬가지입니다. 한동안 로봇 연구자들이 뛰어난 운동능력을 경쟁적으로 개발할 때는 '어쨌든 로봇기술이 발전한 것'이니 지지를 보냈습니다. 그러다 그 일이 의미 없이 느껴지면서 대중은 곧 관심을 줄이게 되었습니다. 대중의 지지를 얻지 못하는 과학기술계는 지원을 얻기 어렵게 됩니다. 하지만 최근엔 이야기가 다릅니다. 겉보기에 더 화려하지 않더라도, 과거에 이미 더 뛰어난 운동능력을 보이는 로봇을 여러 차례 본 적이 있더라도, 대중은 다시 로봇에 환호합니다. 그 로봇이 재난현장이나 공장, 사무실 등에서 '일'을 하는 모습을 선보이기 시작했기 때문입니다.

이는 미국의 자동차 전문기업 '테슬라' 덕분이기도 합니다. 2022년, 테슬라는 휴머노이드 로봇 '옵티머스(당시 코드명 범블비)'를 공개했는데, 이 로봇의 운동능력은 아틀라스나 아시모, 휴보 등에 비교하면 초라한 것이었습니다. 로봇에 관심이 많은 사람들은 이 로봇에 대해 혹평을 서슴지 않았습니다만, 정작 기술을 공개한 테슬라는 덤덤했습니다. 두고 보라는 느낌이 강했죠. 2년이 더 지난 2024년, 옵티머스 개발을 두고 '쓸모없는 일을 한다'고 혹평하는 사람은 거의 사라졌으며, 해당 연구진이 관련 동영상을 하나 공개할 때마다 관련 기사가 쏟아져 나올 정도로 대중의 큰 관심을 얻기 시작했습니다. 물론 2년 사이에 테슬라가 옵티머스의 버전을 두 번이나 업그레이드해 보인 점도 주효했습니다만, 그보다는 '고도의 운동능력'보다는 '실제 작업능력'에 초점을 맞추어 개발 중이라는 사실을 많은 사람들이 이해하기 시작했기 때문이 아닐까 싶습니다. 즉 과거 대중은 로봇이 네 발로 걸었다, 로봇이 달리기를 했다, 로봇이 공을 던졌다, 로봇이 춤을 췄다 등과 같은, 어떤 '운동능력'의 발전에 환호했습니다만, 요즘은 로봇기술의 '쓸모'에 관심을 갖고 살펴봅니다. 그러니 A사에서 로봇이 빨래를 개는 모습을 선보였다, B사에서 로봇이 사람의 말을 알아듣고 사과를 집어서 앞에 있는 사람에게 건네주었다는 등의 '일하는 행위'가 관심을 얻는 주제가 되었습니다. 대중의 관심이 바뀌니, 연구자들의 연구 주제 역시 이 흐름을 타기 시작합니다. 테슬라가 물꼬를 틀고, 대중의 관심이 '일하는 로봇'에 모이게 되자 다시 수많은 실력 있는 연구자들이 앞다퉈 관련 연구를 진행하게 되고, 그 성과 역시 선보이게 되는 선순환도 나타나게 되었습니다.

이해를 돕기 위해 '휴머노이드 로봇'을 예로 들었습니다만, 이는 로봇 시스템 전반에 걸친 문제입니다. 바퀴형 로봇도 똑같습니다. '로봇이 자동으로 주행을 한다'는 이야기가 처음엔 신기할 수 있지만, 결국 사람들의 관심은 '그 로봇이 어떤 일을 할 수 있느냐'로 귀결됩니다. 이런 관심과 지원이 결국 자율주행자동차 개발을 이끌어 나가는 원동력이 되는 것입니다. 앞으로는 로봇과 지능, 즉 AI가 하나로 합쳐지면서 '사람 대신 대부분의 일을 하는 세상'이 도래할 것입니다. 이 거대한 흐름이 세상에 미칠 영향을 생각하면, 이 흐름은 현대를 살아가는 지식인으로서 반드시 이해하고 넘어가야 할 필수 요소가 되어가고 있습니다.

🤖 로봇과 AI를 별개로 생각하지 말라

AI와 로봇기술의 연관성에 대해 이야기하기 전에, 우선 AI가 어떻게 태어났는지 그 기술의 흐름을 짚어볼 필요가 있을 것 같습니다. 왜 하필 요즘을 '4차' 산업혁명시대라고 부르는 것일까요.

애니악. 여성 연구원 두 사람이 애니악을 조작하고 있다.

출처: 위키미디어커먼스

AI와 4차산업혁명이란 단어는 왜 항상 함께 등장할까요. 지금이 4
차산업혁명시대라면 1차와 2차, 3차 산업혁명도 있을 텐데, 각각
의 산업혁명은 어떻게 달라지는 것일까요. 이 흐름을 이해하기 위
해서는 기술의 발전에 따른 필연적인 문명의 변화과정을 짚어볼
필요가 있습니다.

사실 AI의 기본적 원리는 굉장히 오래 전에 개발되었습니다.
본래 컴퓨터라는 물건 자체가 '사람 대신 계산을 하고, 사람 대신
일을 하는 기계장치를 만들 수는 없을까?'라는 생각을 하다 보니
태어난 물건이니까요. 그래서 AI의 이론적 토대도 컴퓨터 개발이
처음 시작됐던 1900년대 중반 이후 상당히 많이 진행됐습니다.

이 말은 컴퓨터 개발의 역사를 보아도 알 수 있습니다. 세계 최초의 컴퓨터는 '애니악'으로 보는 경우가 많은데요, 이는 1946년 등장했습니다. 그런데 AI, 즉 '생각하는 기계' 대한 실질적 연구가 시작된 건 그보다 3년이나 빠른 1943년이었습니다. AI와 관련된 세계 최초의 논문 〈신경 행동에서 내재적 사고의 논리적 계산(A Logical Calculus of the Ideas Immanent in Nervous Activity)〉이 이때 출간됐기 때문입니다.

인공지능에 'A.I'라는 단어를 사용해 지칭하고 본격적으로 연구하기 시작한 것은 1956년 열린 '다트머스 컨퍼런스'라는 학술대회 때였습니다. 이때를 기준으로 AI 연구가 본격적으로 이뤄지기 시작했다고 여기는 사람이 많죠. 사람의 뇌신경을 전기신호로 흉내 내면, 종국에는 사람처럼 생각하지 않을까 생각하며 이론적으로 증명하려 했던 노력은 이때부터 시작됐다고 볼 수 있습니다.

1960년대를 거치면서 이런 학문이 빠르게 발전하게 되는데, 마침내 컴퓨터 그 자체가 인간처럼 '학습'을 하게 만드는 이론도 등장하게 됩니다. 이런 이론들은 조금의 수정이 있긴 하지만 현재도 새로운 AI를 개발할 때 여전히 쓰이고 있지요.

다만 실용화는 2000년대에 들어서 가능해졌습니다. 과거의 이론은 1970년대 이후 결국 벽에 부딪히고 말았는데, 당시 그만한 연산능력을 흉내 낼 컴퓨터가 세상에 존재하지 않았던 것이 첫 번째 이유입니다. 두 번째는 사람의 뇌 구조를 완전히 알지 못하는 상태에서 그 구조를 흉내 내 사람처럼 '완전한 사고능력'을 가진 기계장치를 만드는 일이 사실상 불가능하다는 것도 문제였습니다. 사람의 뇌 신경세포는 1,000억 개를 넘어간다는 학설이 주를 이루는데, 이런 신경망의 복잡한 근본적인 연결 원리는 아직 인간의 지식 밖에 있습니다. 즉 수학적 증명을 통해 '더 뛰어난 AI 이론'을 개발하는 데 벽에 부딪히자 학계의 관심에서 멀어진 것입니다.

하지만 시간이 지나면서 사람들은 '과거에 개발했던 불완전한 이론도 쓸모가 있다'는 사실을 깨닫기 시작했습니다. 그리고 또 다른 요인은 그 사이 컴퓨터의 성능이 대폭 높아졌고, 막대한 자원을 AI 시스템 하나를 만들기 위해 투입할 수 있는 투자 시스템도 활성화됐다는 것입니다. 즉 '이제야 좀 쓸 만한 AI를 가동해볼 수 있을 정도'로 발전한 것입니다. 경우에 따라서는, 즉 제한적인 조건 안에서는 인간 이상의 역량을 보이는 경우가 속속 등장하기 시작했지요. 예를 들어 바둑으로 유명한 '알파고'의 경우 바둑 분야에선 이미 인간의 지능을 아득히 뛰어넘었습니다. 이게 이미 수년 전 이야기입니다. 이미 AI 기술은 범용적으로 쓰이기 시작했고, 충분한 사전 학습을 거친다면 하나의 AI 시스템으로 다양한 일을 자유자재로 할 수 있는 '제한적인 일반인공지능'의 개발까지 시도되고 있습니다. 새로운 AI를 혁명적으로 개발하려는 노력도 있습니다. 하지만 과거 연구됐던 AI 이론을 어떻게 산업에 적용할지, 그 응용기술을 개발하는 방향에 초점이 맞춰져 있는 경우도 대단히 많겠지요.

로봇 개발의 경우는 두 번째 경우에 더 가깝습니다. 로봇의 몸체를 만들고 나면, 거기에 이미 개발돼 있는 AI를 그대로 가지고 와서 사용하려고 하겠지요. 필요하다면 기존의 AI를 로봇의 특성에 맞게 커스터마이징하여 사용하는 것도 필요합니다. 로봇의 몸

영국 '엔비직스'사가 개발한 증강현실(AR) 기술. 헤드업디스플레이(HUD)를 착용하고 운전을 하면 사진과 같은 모습을 볼 수 있다. 차의 운행방향을 도로 바닥에 파란색 빛을 띄워 표시해준다.

출처: 엔비직스 홈페이지

체와 AI, 이 두 시스템의 개별적인 성능이 뛰어난 것도 물론 중요하지만, 그 두 시스템을 조화롭게 하나로 연결하는 일도 결코 쉽지 않습니다. 그런데 기존의 학문 체계에서 로봇을 잘 만들지만 AI도 잘 만들 수 있는 천재를 배출하기란 쉽지 않은 일이었고, 그러니 AI 개발자와 로봇 개발자 사이의 '협업'이 중요해지는 시대가 되었습니다.

또 다른 이유가 하나 있는데, AI가 현실사회에서 일을 하기 위해서는 로봇 이외에 다른 수단을 생각하기 어렵다는 점입니다. 이 경우 제가 사례로 자주 드는 것이 '자율주행자동차'입니다. 로봇의 기능을 자동차에 얹어 사람 대신 운전을 하도록 만든 기계장치이지요. 분류상으로는 분명 '바퀴로 움직이는 이동형 로봇'에 들어갈 것입니다.

예를 들어 어떤 자동차 회사가 초고성능 AI 기능을 총동원한 '지능형 내비게이션' 장치를 신제품 차량에 장착했다고 가정해봅시다. 이 AI는 아마도 교통체증이 가장 적은 최적의 교통경로를 알려줄 것이고, 어느 때 좌회전이나 우회전을 해야 하는지도 모두 다 알려줄 것입니다. 특별한 디스플레이 장치를 추가한다면 어느 골목길에서, 몇 번째 사잇길로 들어가야 할지도 정확하게 안내해줄 수 있습니다. 필요하다면 증강현실(AR) 기술도 동원할 수 있습니다. 차량 앞 유리 전체를 투명 디스플레이로 만드는 방법이 가장 효율적입니다. 가격이 너무 비싸지니 빔 프로젝터 방식을 일부 적용하고 있긴 합니다. 아무튼 운전자가 자동차를 운전해 몰고 가야 할 차선에 색깔을 칠해서 보여주는 것도 그렇게 어렵지 않은 일이 됐습니다.

그런데 이렇게 초고성능 AI 기능을 총동원해 만든 내비게이션을 차량에 장착해봐야, 결국 그 자동차를 운전하는 것은 사람입니다. 사람이 없으면 그 차는 달리지 못하지요. 그 이유는 다른 것이 아닙니다. 자동차를 운전할 손과 발이 없기 때문입니다. 하지만 로봇기술을 동원하면 이 문제는 해결됩니다. 운전대를 자동으로 조작할 수 있는 모터를 달고, 브레이크와 액셀러레이터를 조작할 수 있는 장치도 추가로 연결하고, 이것을 컴퓨터 소프트웨어로 정밀하게 조작하면 되지요. 이렇게 하면 사람은 마침내 운전대에서 손을 놓아 버려도 됩니다.

이 차이는 말할 수 없이 큰 것입니다. AI 기술이 아무리 발전하더라도, 로봇기술이 없으면 그 정보는 디스플레이 장치 안에서 정보를 가공해 사람에게 보여줄 뿐입니다. 물론 이 '정보를 가공한다'는 사실 자체가 대단히 중요한 상황이 적지 않으므로, AI는 그 자체만으로 대단히 커다란 역할을 할 수 있습니다. 예를 들어 AI

기술을 동원해 고성능 실시간 통역기술을 개발했다고 가정해봅시다. 그 기술은 대단히 쓸모가 많을 것이고, 어딜 가도 스마트폰만 있으면 불편함 없이 외국 사람과 의사소통을 할 수 있을 것입니다. 하지만 실제로 우리 집을 청소하고 싶다면 어떻게 될까요? AI가 적용된 '로봇청소기'가 없으면 안 됩니다. AI 한 가지만 가지고 할 수 있는 건 청소 공간을 파악하고, 최적의 청소 루트를 짜고, 청소 시간을 계산해주는 등의 '정보처리' 업무라는 걸 잊어선 안 됩니다. 실제로 청소를 하는 것은 로봇 몸체이니까요. 즉 AI와 로봇기술이 하나로 합쳐져야만 진정한 '혁신'이 가능하다는 사실을 쉽게 알 수 있습니다.

4차산업혁명시대의 특징은 여러 가지가 있습니다만, 개인적으로 빼놓아선 안 되는 기준 중 하나가 'AI가 컴퓨터 밖으로 튀어나올 수 있느냐'인 것 같습니다. AI가 컴퓨터 밖에서 일을 할 땐 어떤 것들이 가능해질까요. 그 기술의 갈래는 크게 두 가지입니다. 첫째는 사물인터넷(IoT, Internet of Things)이고, 인공지능이 일하는 공간을 광범위하게 확장해줄 수 있는 기술입니다. IoT의 경우 기존 인프라에 센서와 작은 구동장치 등을 덧붙여 최대한 편리한 환경을 만드는 것입니다.

두 번째가 로봇입니다. 물론 로봇 한 대에 AI를 넣어 혼자서 움직이게 해도 되겠지만, 굳이 이렇게 할 필요는 없겠지요. IoT 개념과 로봇 개념을 동시에 운영하면 훨씬 효율적이니까요. 예를 들어 초보적인 IoT라고 하면 가정집에 있던 기존 기기들, 예를 들어 TV나 세탁기, 냉장고, 전자레인지, 조명 등이 인터넷으로 연결되는 상황을 뜻하겠지요. 사람이 집에 들어서면 출입문 도어락이 신호를 보내주고, 저절로 조명이 켜지는 등의 상황을 만들어줍니다. 여기서 성능이 더 높아지면 기존엔 전자제품이 아니넌 장비까지 인터넷으로 연결할 수 있게 됩니다. 이 상황에서는 소파에 체중감지 센서를 넣으면 가족 중 누가 그 자리에 앉았는지도 자동으로 알 수 있게 되고, TV 프로그램 중 어떤 것을 추천할지 자동으로 결정할 수 있게 해줍니다. 이런 판단을 하고 기기를 제어하려면 집 전체를 통제할 하나의 '지능화된 존재'가 필요하겠지요. 이 단계까지는 로봇 없이 AI와 각종 센서기술만 가지고도 구현이 가능할 것 같습니다.

그런데 여기서 한 발 더 내딛으려면 반드시 로봇기술이 필요합니다. 그렇게 되면 우리의 삶은 한층 더 편리해지겠죠. 로봇청소기는 사람이 없을 때, 최적의 타이밍이 자동으로 집안 청소를 할 것이고, 로봇 팔이 자동으로 그릇 등을 식기세척기에 넣어주도록 설정할 수 있을 것입니다. 현재 이런 로봇은 존재하지 않지만, 가

사관리로봇이 바닥에 널어져 있는 빨랫감을 모아 옷감에 맞게 구분해 빨래통에 넣어주고, 식물에 물도 알아서 주도록 만드는 일이 기술적으로 불가능하진 않습니다.

이런 기술이 산업에 접목되면 어떻게 될까요. 사람이 아예 없는 완전 자율공장이 들어서는 것도 꿈은 아닙니다. 이는 이미 기술적으로 가능한 일입니다. 실제로 도전에 나선 회사도 있습니다. 일본의 자동차 부품기업 '덴소(도요타 자동차 계열사)'는 세계 주요 완성차 회사에 많은 부품을 생산, 납품하는 이른바 '티어1' 부품협력사입니다. 이 회사는 2024년 9월 새로운 자동차 부품공장에 투자 총액은 690억 엔을 투자하겠다고 밝혔지요. 발표 당시 환율로 한국 돈 약 6,500억 원을 넘습니다. 이 돈을 투자해 뭘 할 것인가 하면, 생산 라인을 정비하는 인력만 사람으로 구성하고, 자재의 하역부터 생산한 자동자 부품의 출하까지 모든 과정을 로봇이 대신하는 '완전 자동 공장'을 만들 계획입니다. 그리고 공장을 24시간 무인으로 운영하겠다는 거죠. 미국 테슬라도 미국에서 같은 공장을 만들기 위해 노력 중입니다.

😊 '로봇'이란 단어가 가진 의미

사실 로봇이라는 단어 자체는 대단히 모호한 것입니다. 무엇이 로봇일까요? 로봇이라는 단어는 체코어로 강제로 일하는 사람(노예)이라는 뜻을 가진 '로보타(Robota)'에서 유래됐는데, 이 뜻이 인조인간, 자동화 기계장치 등으로 쓰이다가 지금은 다양한 분야에서 저마다의 의미로 쓰이며, 그 해석도 제각각입니다.

경우에 따라선 기계로 된 팔도, 다리도, 바퀴도 없는, 그저 컴퓨터 소프트웨어로만 구성된 시스템조차 '로봇'이라고 부르는 경우가 적지 않습니다. 단적인 사례로 언론계에선 '로봇저널리즘'이라는 말을 쓰는데, AI 소프트웨어를 이용해 기사를 작성하는 보도 형태를 이야기합니다. 태블릿 PC에 몸체를 씌우고 바퀴를 달아 조금 굴러다니게 만든 다음 '교육용 로봇'이라고 이야기하는 경우도 꽤 볼 수 있습니다. 이 경우는 그나마 하드웨어가 조금 달려 있습니다만, 주된 기능은 아무리 보아도 소프트웨어(SW), 즉 AI인데, '바퀴가 달려 있으니 그래도 로봇'이라고 주장하는 형태입니다. 하지만 어떤 사람은 '아무리 그래도 팔이나 다리 중 하나 정도는 달려있어야 로봇답지 않느냐'고 이야기합니다.

즉 로봇이라는 단어에 보수적 시각을 가진 학자라면 '로봇은 반드시 하드웨어(HW), 즉 기계장치가 있어야 한다'고 생각하는 반면, 한편에선 '스스로 판단하고 동작한다면 소프트웨어만으로도 로봇으로 부르는 데 문제가 없다'고 보기도 하지요.

그렇다면 로봇을 정의하는 '규정'은 없는 걸까요. 있기는 한데 그리 큰 도움은 안 됩니다. 국제표준화기구(ISO)에서는 로봇에 대해 '프로그램과 자동 위치 조절이 가능하고, 물건 부품 도구 등을 취급할 수 있는 장치로, 한 손목에 하나 이상의 암(arm)을 가진 것' 정도로 정의하고 있습니다. 쉽게 말해 (손목과 팔을 구분하기 위해) 관절이 두 개 이상 붙어 있는 자동화 기계는 모두 로봇으로 보아도 무방하다는 말입니다. 1987년에 설립된 국제로봇연맹(IFR)도 비슷한 규약을 제안하고 있는데, '관절이 3개 이상 달린 자동화기계'는 산업용 로봇으로, '사용이 편리한 자동화 기계'는 서비스 로봇으로 나눕니다. 이 기준으로는 흔히 쓰는 스마트폰도 서비스 로봇의 범주에 들어갈 것 같습니다.

심지어 근래에 등장한 '메타버스' 개념과 합쳐지면서 혼란은 한층 더 가중됩니다. 예를 들어 가상현실 공간에 '가상의 캐릭터'가 돌아다닌다고 하면, 이 존재는 하나의 '객체'로서 분명 의미 있는 존재입니다. 이를 실체가 없다는 이유만으로 로봇이 아니라고 불러도 괜찮을지에 대해선 분명 이론의 여지가 있습니다.

실제로 2023년엔 미국 스탠퍼드 대학교와 구글의 연구진이 공동으로 샌드박스 게임(유저가 정해진 목표 없이 자유롭게 무언가를 할 수 있는 게임 플레이 형식) '스몰빌'을 개발했는데, 이 게임 안에는 총 25명의 각기 다른 캐릭터가 생활하고 있습니다. 즉, 25명의 로봇 주민이 살고 있는 작은 마을을 컴퓨터 속 가상 세계에 만든 셈이죠.

이 게임 속에서 로봇 캐릭터들은 인간이 전혀 개입하지 않았는데도 스스로 일정을 조정해가며 일과를 꾸려 나갔습니다. 연구진들은 이 캐릭터들의 정체성, 서로 간의 관계, 대략적인 일과 정도만 세팅해 두고 그 외에는 자유롭게 활동하도록 풀어줬는데, 그 결과 놀라운 사실이 일어났어요. 게임 속 한 캐릭터가 '어느 날 파티를 열고 싶다'고 하자 또 다른 캐릭터가 '파티 준비를 돕겠다'고 나서기도 하고, 파티와 아무 관계 없던 다른 캐릭터들을 초대하기도 했습니다.

초대를 받았던 또 다른 캐릭터는 '연주회를 할 시간과 겹쳐서 가지 못했다'고 답하기도 했죠. 캐릭터들끼리 다양한 방식으로 소통하며 캐릭터 간의 관계를 스스로 발전시켜 보여주고 있었던 겁니다. 다른 캐릭터의 행동을 보고 의미를 추론해 말을 건네기도 하고, 이성 캐릭터에게 데이트 신청을 하더니 같은 날 같은 장소에 나타나기까지 했지요. 이 정도 기능을 한다면 로봇으로 보아도 될 것 같은데, 실제로는 분명히 몸체가 없으니 로봇의 개념으로 보기 어렵습니다. 드물게 '소프트웨어 로봇'이라는 말을 쓰기도 하는데, '로봇이 어떻게 소프트웨어냐, 단어 자체가 어불성설이다'며 싫어하는 전문가도 적지 않습니다. 이런 상황을 정확히 정의해야 할 용어 등을 학계에서 논의할 필요가 있다고 여겨지기는 합니다.

일단 이 책에서도 로봇에 관해 이야기하고 있으므로, 그 기준을 제시하고 설명을 이어나가야 할 필요가 있다고 여겨집니다. 이 책에서 이야기하는 로봇의 범위에 소위 '소프트웨어' 형태는 로봇은 포함하지 않도록 하겠습니다. 즉 이 책에서 말하는 로봇은, 특별한 언급이 없는 한 'AI, 혹은 자동화 프로그램의 통제에 따라 인간이 시킨 어떠한 일을 할 능력을 갖춘 독립적인 기계장치'라고 정의해 두고자 합니다. 굳이 '독립적'이라는 말을 추가한 건, 건축물이나 시설물에 기본적으로 포함된 기계장치를 로봇으로 볼지, 그 구분이 모호하기 때문입니다. 예를 들어 AI의 판단에 따라 자율적으로 움직이고 있는 엘리베이터까지 로봇이라고 부르라고 한다면 그 범주가 너무 넓어져버릴 테니까요. 이처럼 이 기준엔 어떤 고도의 철학적, 기술적 원칙이 있어서가 아닙니다. 그저 이 방법의 기준이 현시대의 기술적 흐름을 전하는 데 가장 적합하다고 여겨지기 때문입니다.

최근 들어 로봇기술이 새롭게 주목받고 있는 이유 역시 다름이 아닙니다. AI와 하나로 합쳐지며 그 '쓸모'를 인정받기 때문입니다. 로봇은 AI와 더불어 혁신의 커다란 한 축입니다. 여러분 모두가 개발자가 될 필요는 없습니다. 하지만 로봇의 특성에 대해 이해하는 것은, 이 시대를 살아가는 데 있어 꼭 필요한 소양이라는 점을 꼭 알아두었으면 합니다.

'로봇'도 종류가 있다

　분류는 학습의 좋은 수단이지요. 어떤 복잡한 사안이 잘 이해가 가지 않는다면, 필자가 가장 먼저 해보라고 권장하는 일이 '분류'입니다. 이렇게 하면 여러 사안을 체계 있게, 분석해서 받아들일 수 있습니다. 실제로 문헌정보학에서는 분류라는 용어를 전통적으로 '지식의 구조단위인 개념, 그리고 이러한 개념에 따른 관계와 범주화를 진행하고, 그에 따라 특정 영역의 지식을 일정한 체계로 구조화한다'는 의미로 쓰고 있습니다.

　앞서 '로봇'이라는 단어는 그 뜻이 매우 포괄적이고, 사람에 따라 기준이 모호해 한마디로 정의하기 어렵다고 이야기한 바 있습니다. 따라서 이 책 안에서만이라도 로봇의 정의를 'AI, 혹은 자동화 프로그램의 통제에 따라 인간이 시킨 어떠한 일을 할 능력을 갖춘 독립적인 기계장치'라고 정의하자고 말했지요. 그렇다면 그러한 로봇은 다시 어떻게 구분해야 할지 생각해볼 필요가 있을 것 같습니다.

실제로 이렇게 로봇을 분류하는 방식은 대단히 많습니다. 가장 흔히 볼 수 있는 것이 국제로봇연맹 기준으로, 로봇을 크게 다음의 세 가지 분류로 구분합니다. △제조업용 로봇(Industrial Robot) △전문서비스용 로봇(Service Robot for professional use) △개인서비스용 로봇(Service Robot for personal and private use)입니다. 제조업용 로봇을 다른 말로 '산업용 로봇'이라고 부르는 경우도 있으므로 이를 기억

로봇의 분류 – 국제로봇연맹 기준

서비스용 로봇		제조업용 로봇
전문서비스용 로봇	개인서비스용 로봇	
·배송로봇 ·서빙로봇 ·안내로봇 등	·로봇청소기 ·애완견로봇 ·교육로봇 등	·용접로봇 ·도장로봇 ·산업용 이송로봇 등

로봇의 분류 – 이 책의 기준

△이동형 로봇   △작업형 로봇   △보행 및 보조형 로봇

하면 좋습니다.

　이 기준에 따르면 가정집에서 사용하는 로봇청소기는 개인서비스용 로봇이며, 식당에서 서빙을 대신 해주는 로봇은 전문서비스용 로봇이 됩니다. 그리고 공장에서 물건을 만드는 데 사용하는 로봇이 제조업용 로봇이 되겠지요.

　이 기준은 연맹에서 정한 것이니 이견은 없습니다. 로봇을 '사용 목적'에 따라 구분한 것이며, 실제로 대부분은 이 구분법이 유용합니다. 그러나 로봇의 '기능과 형태'를 설명하려면 다소 부족하다 여겨집니다. 그렇다고 너무 세세하게 나눈 복잡한 기준을 만들다 보면 도리어 이해에 방해가 되겠지요. 필자는 오랜 기간 궁리한 끝에 다음의 세 가지 기준에 맞춰 로봇을 구분하고 있습니다. 그것은 △이동형 로봇 △작업형 로봇 △보행 및 보조형 로봇입니다. 국제로봇연맹의 기준을 어느 정도 수용하면서도 로봇의 형태나 기능도 설명할 수 있는 분류방식이라고 생각합니다. 굳이 이런 구분법까지 만들어(?) 사용하는 이유는, 이 편이 AI시대에 로봇의 형태를 가장 알기 쉽게 받아들일 수 있다고 생각하기 때문입니다. 물론 사람마다 해석의 차이가 클 수 있음을 말해둡니다. 누구의 의견이 옳다기보다, 이 책의 필자의 경우 이런 기준에 따라 로봇을 구분하고 있다고 이해한다면 좋을 것 같습니다.

🤖 지금 당장 주목해야 할 '이동형 로봇'

2010년 인기리에 개봉했던 영화 〈아이언맨 2〉에는 러시아에서 온 천재 과학자 이반 반코(미키 루크 분)가 등장합니다. 그는 악덕 기업체 사장으로부터 사람이 입으면 힘이 강해지는 '웨어러블 로봇'을 만들어달라는 주문을 받습니다. 하지만 이반 반코는 "날 믿어. 드론이 더 나아(Trust me. Drone better)"라고 말하지요. 그리고는 사람처럼 생긴 자율형 로봇, 이른바 '휴머노이드 로봇'을 만듭니다.

여기서 뭔가 이상한 점을 느낀 사람도 있을 것입니다. 드론(Drone)이라고 하면 우리나라에서는 하늘을 날아다니는, 원격조종을 받아 움직이는 작은 비행기를 생각하는 경우가 많습니다. 하지만 실제로 영미인들이 사용하는 '드론'의 뜻은 좀 더 넓습니다. 드론의 뜻은 본래 '낮게 윙윙대는 소리'라는 뜻이죠. 여기서 다양한 의미가 생겨났습니다. 수컷 꿀벌, 악기의 저음 등을 뜻하기도 하죠. 영어권에서는 사람이 탑승하지 않는 기계장치, 즉 무인 자율 구동 로봇이라는 뜻으로 더 자주 쓰입니다. 쉽게 이야기해서 잠수함 형태건 선박 형태건, 자동차 형태건, 비행기나 헬리콥터 형태건 관계없습니다. 사람이 탑승해 직접 조종하지 않고 자율적으로 움직이는 기계장치는 모두 드론으로 부를 수 있는 겁니다. 즉 '드론 = 이동형 로봇'이라고 구분해도 맞는 말이긴 합니다. 비슷한 이름이 굉장히 많이 붙는데요, 자율이동형 로봇, 자율이동체, 이동로봇, 자율모바일로봇(AMR) 등의 이름이 두루 쓰입니다. 우리나라 과학기술정보통신부에선 '무인이동체'라는 명칭을 씁니다. 드물게 '차량계 로봇'이라는 말을 쓰는 사람도 있습니다. 이 중 AMR이나 차량계 로봇 등의 용어는 지상에서 작업용으로 쓰이는 로봇에 한정되는 경향이 있습니다만, 아무튼 모두 비슷한 의도를 갖고 만들어진 말로 이해할 수 있습니다.

지금 이야기하는 '이동형 로봇'이 바로 이런 뜻입니다. 우리가 이동형 로봇을 가장 먼저 짚어봐야 하는 이유는, 이 형태의 로봇이 단기간에 우리 사회를 가장 빠르게 변모시킬 것이기 때문입니다. 현실적으로 우리 사회를 가장 먼저 바꾸어 나갈 로봇이기도 하지요.

다른 형태의 로봇, 쉽게 말해 걷고 뛰는 로봇은 아직 현실 사회에서의 안전성을 보장하기 어렵고, 수월하게 움직이기 위해서는 스스로 판단할 것이 너무도 많습니다. 이 말은 로봇의 행동을 통제할 AI에 걸리는 부담이 크다는 말과도 같습니다. 실용화까지 시간이 많이 필요하지요. 그러나 이동형 로봇의 경우는 이야기가 다릅니다. 바퀴나 날개 등으로 이동의 안정성이 어느 정도 보장된 상태라는 것은 커다란 장점입니다. 진행해 나갈 방향, 장애물 회피 등 비교적 적은 변수만 판단할 수 있도록 만들 수 있기 때문입니다.

물론 이동형 로봇은 '이동'만 할 수 있습니다. 다른 일은 할 수 있는 것이 거의 없습니다. 작업을 할 수 있는 '손'이 없으니까요. 그러니 "고작 혼자 굴러다니거나 날아다니는 로봇이 뭘 얼마나 할 수 있다는 거냐? 그게 제대로 된 '일하는 로봇'이라고 할 수 있느냐"라고 묻는 경우를 자주 봅니다만, 그 '스스로 이동할 수 있다'는 유일한 특기가 굉장한 혁신으로 연결될 수 있습니다.

대표적인 분야가 '농업'입니다. 비교적 소규모 농업이 대부분인 국내 현실에선 보기 어렵습니다만, 대규모 농업을 통해 엄청나게 넓은 밭을 모두 관리해야 하는 미국 등의 나라에선 로봇은 이미 필수적 장비입니다. 흔히 우리나라에서 벼를 추수하는 농장비를 '콤바인'이라고 부르고, 모를 심는 로봇을 '이앙기'라고 부르지요. 그리고 밭을 가는 농장비를 '경운기', 혹은 '트랙터'라고 부릅니다. 그런데 이런 장비가 만약 사람이 탑승하지 않고 자율적으로 움직인다면 어떻게 될까요? 이런 로봇이 미국에선 이미 다양한 분야에서 사용되고 있습니다. 비교적 최근 사례를 통해 단적인 예를 들었지만 이런 이동형 로봇이 곳곳에 도입되면서 농업현장은

국내 기업이 개발한 자율주행 콤바인 DH6135의 모습

출처: 대동기업

극적으로 변했습니다. 이젠 로봇 트랙터가 사람이 없이도 밭을 갈고, 로봇 콤바인이 사람이 없이도 추수하는 풍경이 이상하지 않은 세상이 되었습니다.

일상생활에서는 이동형 로봇이 '배송로봇'으로 쓰이기 시작했습니다. 이미 집 앞까지 물건을 배달해주는 작은 이동형 로봇의 상용화가 시작됐지요. 드론을 이용해 물건을 집 마당에 내려주고 가는 서비스는 이제 당연한 것이 됐습니다.

최근 크게 주목받는 형태의 드론이 하나 더 있는데요, 하늘을 날아다니는 근거리 교통수단, 이른바 '도심항공모빌리티'(UAM, Urban Air Mobility)도 넓은 의미에서 이동형 로봇의 한 형태로 볼 수 있을 것 같습니다. 세상엔 이 밖에도 대단히 많은 이동형 로봇이 존재합니다. 사실 사람이 운전하지 않는 '자율주행차'도 넓은 의미에선 이동형 로봇으로 볼 수 있습니다. 자율주행차가 세상을 얼마나 크게 바꾸어 나갈지 생각해보면, 이동형 로봇의 가치에 대해 조금은 이해가 가지 않을까 생각됩니다.

이 같은 로봇의 실제 적용 사례는 다음 장에서 다시 제대로 다뤄볼 테니 잠시 접어두겠습니다. 다만 관건은 지금 당장 세상을 바꾸어나갈 건 바로 '이동형 로봇'이라는 점이라는 점을 꼭 이해했으면 하는 것입니다.

인천공항에서 에어택시를 타고 집에 돌아와, 배가 고파져서 저녁 식사로 피자를 주문하자 배송로봇이 문 앞에 와서 기다리고, 식사를 하는 도중에 가사로봇이 집안 곳곳을 자동으로 정리해주는 일이 이제는 이상하지 않은 세상이 됐습니다. 이동형 로봇, 말 그대로 그저 혼자서 '이동'을 할 뿐인 로봇은 세상을 이렇게 크게 바꿀 수 있습니다.

작업형 로봇은 말 그대로 뭔가 '작업'을 하는 것입니다. 작업이란 뭔가요. 뭔가 '일을 한다'는 뜻입니다. 단순히 '이동'을 하는 상황을 작업이라고 부르는 경우는 많지 않지요. 예를 들어 공장에서 생산을 마친 물건을 트럭에 싣는 것은 '상차 작업'이라고 합니다. 반대로 물건을 트럭에서 내릴 때는 '하차 작업'이라고 하고, 합쳐서 '상하차 작업'이라고 합니다. 그런데 트럭이 도로를 달려 어딘가 다른 장소로 가는 것도 분명 '일을 한다'고 할 수 있을 텐데, 그런 경우엔 작업이라는 말을 쓰는 경우가 거의 없습니다. '운송작업'이나 '운반작업'이라는 말은 종종 쓰입니다만, 이 경우엔 보통 상하차 작업을 포함합니다. '운전작업'이라는 말은 조금 뉘앙스가 이상하며, 어쩌다 쓸 경우엔 짐을 싣고 내리는 '지게차' 등을 조작할 때 사용하지요. 즉 '작업'이라는 말은, 은연중에 손과 팔을 써서 하는 일이라는 뉘앙스가 있는 것 같습니다.

이제 '작업형 로봇'에 대한 정의를 어느 정도 이해할 수 있으리라 여겨집니다. 국제로봇연맹 기준으로는 '산업용 로봇'에 가장 가깝습니다만, 요즘은 AI의 발전으로 서비스 로봇의 영역에서도 작업형 로봇을 자주 볼 수 있게 되었습니다.

공장은 이런 작업형 로봇이 가장 먼저 도입되는 곳입니다. 산업용 로봇은 개발하기만 하면 즉시 생산 효율을 높일 수 있습니다. 사업주 입장에선 성능만 확실하다면 적극적으로 도입하지 않을 이유가 없는 물건이기도 합니다. 즉 '일을 해서 돈을 버는 곳'이니, 로봇의 값이 비싸더라도 필요하다면 적극적으로 도입하겠지요. 이 과정에서 '로봇 팔'을 시켜 일을 하는 기술이 꾸준히 발전해왔습니다.

현대의 로봇기술은 사실 공장을 중심으로 발전됐다고 해도 과언은 아닐 것입니다. 세상엔 수없이 많은 종류의 작업형 로봇이 있고, 특정 공장이 생겨날 때 최적의 효율을 내기 위해 함께 개발되는 경우도 적지 않습니다.

작업형 로봇의 특징은 '붙박이형'이 많다는 것입니다. 대량생산을 하려면 소위 '생산라인'을 만들어야 하고, 그 과정에서 뭔가 일을 할 수 있는 '로봇 팔'을 순차적으로 배치해 맡은 일을 하도록 돕죠. 작업형 로봇은 실제로 '생산적인 일'을 합니다. 사람 대신 물건을 집어 올리고, 용접하고, 볼트를 조이고, 페인트를 칠하는 등의 작업을 척척 수행하지요.

제조업용 로봇이 최초로 등장한 건 1959년으로 알려져 있는데, 실제로 특허가 등록된 것은 1954년입니다. 특허 출원자는 미국의 발명가 조지 데볼(George Devol)이었고, 그는 팔 모양의 디자인으로 고안된 기계를 만들었지요. 무게가 약 1.2톤에 달하는 적지 않은 크기의 로봇 팔이었습니다. 이후 로봇공학의 아버지로 일컬어지는 조셉 엥겔베르거(Joseph Engelberger)의 선견지명과 사업적 통찰력의 결과에 힘입어 시제품으로 출시됐죠. 이 로봇의 이름이 '유니메이트(Unimate)'였는데, 이 두 사람은 1961년, 로봇의 이름을 따 '유니메이션(Unimation)'이라는 회사를 미국 코네티컷 댄버리에 차리게 되죠. 이후 제너럴 모터스(GM) 자동차 조립라인에 유니메이트가 최초의 제조업용 로봇으로 배치되기에 이릅니다. 이 로봇은 당시 3만 5,000달러에 팔렸는데, 아마 2024년 기준으로 못해도

공장에서 일하는 최초의 산업용 로봇 유니메이트의 모습

20만 달러 이상의 가치로 볼 수 있습니다. 한화로 약 2억 6,000만 원에 달하는 고가입니다. 하지만 그만한 비용을 지불하기는 충분했습니다. 자동차 부품으로 제작된 금속 주물(die-casting)을 옮겨다가 차체에 용접하는 작업을 할 수 있었습니다. 이런 용접을 할 때는 독성 연기가 발생할 수 있으며, 부주의로 팔다리를 잃을 수도 있습니다. 이런 작업을 사람 대신 해주니 회사 입장에선 도입하지 않을 이유가 없었지요. GM이 이 로봇을 성공적으로 활용하자 크라이슬러, 포드 등 많은 자동차 회사들이 앞다퉈 수백 대 이상의 유니메이트를 도입하기 시작했습니다. 이후 많은 기업들이 다양한 산업용 로봇을 개발, 생산하기 시작했고, 결국 세상에 있는 대규모 공장엔 필수적으로 로봇이 쓰이는 세상이 됐습니다.

유니메이트는 '자동화 프로그램'에 의해 동작 순서를 정해주고, 또 바꿀 수 있는 독립적인 로봇입니다. 따라서 우리가 지금 이야기하고 있는 기준에서 보아도 엄연한 하나의 '로봇'입니다. 다만 현대의 로봇과 큰 차이가 있는데, 어디까지나 컴퓨터 프로그램에 따라 수동적으로 움직일 뿐, 최신 AI와 달리 주변 상황을 전혀 판단하지 못한다는 것입니다. 예를 들어 유니메이트와 같은 구세대 산업용 로봇은, 주위에 사람이 있어도 아랑곳하지 않고 팔을 휘둘러댑니다. 그리고 용접을 해야 할 강철판이 미처 준비돼 있지 않더라도, 그냥 허공에 대고 용접을 하려고 들겠지요. 물론 그 이후 산업용 로봇기술은 계속 발전해왔습니다만, 기본적인 원리는 아직도 같습니다. 이런 로봇이 공장에서 일을 하려면, 공장 환경을 '일하는 데 꼭 맞도록' 미리 설정해주어야 합니다. 공장이라는 거대한 시스템 안에서 맡은 일을 제 시간에, 제 위치에서 척척 해내지만, 이 설정이 조금만 틀어지면 곧 오류를 내게 되겠지요.

이 방법은 정밀한 물건을 빠르게 생산할 수 있습니다. 오류가 나지 않도록 관리해주면 불량률이 매우 낮은 물건을 대량으로 찍어낼 수 있습니다. 효율이 대단히 뛰어나므로, 앞으로도 계속 쓰일 방법임이 분명합니다. 효과가 뛰어나고 좋은 생산방식을 새로운 AI 기술이 나왔다고 일부러 포기하는 일은 할 필요가 없는 것이니까요. 문제는 자동화된 생산라인을 벗어나면 이 방식으로는 일을 하기가 어려워집니다. 예를 들어 산업용 로봇을 모아 자동화 생산라인을 구성했다고 가정해봅시다. 그런데 그 라인에 갑자기 사람이 들어가면 어떻게 될까요. 보통은 사람의 안전을 위해 공장 생산라인이 중단될 것이고, 만일 그렇지 못하면 사람이 다치는 사고나 오작동으로 연결될 수 있습니다. 그래서 공장에서 로봇이 일하는 곳은 철저히 사람의 출입이 금지되지요.

그래서 쓰는 방법은 '로봇이 일하는 공간'과 '인간이 일하는 공간'을 철저히 구분하는 것입니다. 자동화 생산라인 안에선 로봇이 일을 진행하고, 더 이상 로봇으로는 일을 진행할 수 없는 단계가 되면, 만들던 제품을 생산라인 밖으로 내보내게 되겠지요. 그 다음부터는 사람의 몫입니다. 즉 생산라인 전 단계, 혹은 생산라인 다음 단계에는 인간 노동자의 영역입니다. 이 과정에선 산업용 로봇을 쓰지 못하지요.

그런데 사람들은 이 과정에서조차 로봇의 도움을 받고자 했습니다. 그래서 등장한 것이 처음부터 사람과 같은 공간에서, 인간의 작업을 보조하면서 일을 할 수 있도록 설계된 특수한 산업용 로봇, 이른바 '협동로봇'입니다. 실제로 영어 단어로도 Collaborative Robot이라고 적고, 줄여서 코봇(Cobot)이라고 부르는 일이 많습니다. AI 기능이 더해져 주변에 사람이 있는 것을 인지할 수 있고, 인간의 안전을 배려하며 함께 움직이는 로봇을 이야기합니다.

국제로봇연맹 규정에 따르면 이 협동로봇은 다소 독특한 존재입니다. 공장에서 일을 할 때는 산업용 로봇이지만, 이 로봇은 인간과 함께 일을 할 수 있으므로 다양한 소규모 서비스 작업에 쓸 수 있습니다. 길을 가다 보면 '로봇카페'나 '로봇주방장 식당'이라고 적힌 간판을 본 적이 있을 텐데요, 이런 곳에 가면 이런 협동로봇이 인간을 도와 함께 주방 일을 해주곤 합니다. 이럴 경우, 제한적이지만 '전문서비스용 로봇'으로 구분할 수 있게 됩니다. 협동로봇은 현재 산업용 로봇에서 차지하는 비중이 점점 늘어나고 있습니다. 기계 혼자 일을 하는 공간은 앞으로도 계속될 것이지만, 인간이 일을 하는 곳에서는 인간의 일을 돕는 로봇 역시 활약하기 시작했다고 볼 수 있을 것 같습니다.

🤖 보행 및 보조형 로봇, 얼마나 쓸모 있을까

이제 필자가 이야기하는 로봇의 구분 방법이 어느 정도 이해될 것으로 생각됩니다. 몸체 전체가 바퀴 또는 날개, 프로펠러 등으로 '자기 위치'를 바꿀 목적으로 만들어진 로봇을 '이동형 로봇'이라고 할 수 있겠고, 로봇 팔 등으로 생산적인 '작업'을 하는 기계장치는 '작업형 로봇'이라고 보면 거의 틀림없습니다. 우리 주위에서 볼 수 있는 로봇은 대부분 이 두 로봇 중 한 종류일 것입니다.

그런데 이런 두 부류에 넣기에 매우 모호한 분류가 있습니다. 대표적인 것이 사람처럼 두 팔과 두 다리가 모두 달린 '휴머노이드 로봇'입니다. 그리고 개나 말처럼 네 다리가 달린 '네발로봇'도 비슷한 사례일 것입니다. 또 사람이 몸에 착용하고 활동에 도움을 받는 '웨어러블 로봇'도 이 구분에 넣을 수 있겠지요. 이런 로봇들의 구조적 장점은 대단히 큽니다. 미래에 기술이 더 발전하면 정말 무궁무진한 가능성을 갖고 있습니다.

우선 휴머노이드 로봇의 경우 사람처럼 어디서나 일을 할 수 있습니다. 단순히 일을 하는 거야 산업형 로봇도 할 수 있는데요, 장소를 자유롭게 옮겨다니며 다양한 일을 할 수 있다는 점이 무엇보다 큰 장점입니다. 그리고 이동성 자체도 일반 이동형 로봇과 비교할 수 없는 특별함이 있습니다. 걷는다는 건 속도나 안정성 면에서 비효율적이기도 합니다만, 경우에 따라선 대단히 큰 강점이니까요. 두 발로 걸어간다면 험난한 지형도 극복이 가능합니다. 손과 발을 함께 쓴다면 절벽을 기어 올라가는 로봇도 만들 수 있겠지요. 이런 일이 가능한 건 휴머노이드 로봇뿐일 것 같습니다.

사람만큼은 아니지만 네 개의 다리를 가진 개나 말 등의 형태를 본 딴 로봇, 이른바 '네발로봇(일명 사족보행 로봇)'도 대단히 범용성이 높은 형태입니다. 어디든 갈 수 있고, 필요하면 작업용 팔 등을 추가로 붙일 수 있으니 여러 가지 일도 할 수 있습니다. 물론 '인간형'의 자유로움에 비할 바는 아니지만, 대신 사람보다 보행 능력은 훨씬 뛰어나지요. 영어로는 '쿼드루퍼들 로봇(Quadrupedal

Robots)'이라고 씁니다.

이렇게 사람처럼 두 발로 걷는 휴머노이드 로봇, 개나 말처럼 네 발로 걷는 네발로봇을 합쳐 '보행로봇'이라고 할 수 있겠지요. 이 두 종류의 로봇은 험난한 지형을 자유자재로 이동할 수 있어 산업 및 군사 목적으로 최근 주목받고 있습니다.

그리고 사람이 입는 '웨어러블 로봇'도 주목받는 특수 형태 로봇입니다. 영화에서 볼 수 있는 '아이언맨 로봇'이 이런 형태겠지요. 웨어러블 로봇은 두 가지 목적을 가지고 개발되고 있습니다. 첫째는 군사·산업용이며, 둘째는 환자보조용입니다. 군사·산업용 웨어러블 로봇은 건강한 군인이나 산업체 근무자들이 무거운 포탄이나 산업용 중장비 등을 취급할 때 도움을 주기 위한 로봇을 말합니다. 즉 건강한 사용자의 '힘을 더욱 세게' 만들어주는 로봇입니다. 그리고 환자보조용 웨어러블 로봇은 힘이 약한 노인이나 하체마비 등 장애가 있는 사람들을 돕기 위한 로봇이지요. 참고로 첨단 의족이나 의수 등을 만들 때도 로봇기술을 쓰는 경우가 많습니다. 이 역시 기술적으로는 훌륭한 '보조 목적의 의료용 로봇'입니다. 다만 현실적으로 '로봇'이라기보다 '고성능 보조기구'로 보는 경우가 많아 별도로 이 책에서 다루지는 않습니다.

군사·산업용 웨어러블 로봇과 환자보조용 웨어러블 로봇, 두 종류의 웨어러블 로봇은 얼핏 비슷해 보이지만 개발 철학이나 만드는 방식 등이 전혀 다릅니다. 이 두 종류의 로봇을 한 종류로 구분하는 사람이 많은데 필자 개인적으로는 여기에 찬성하지 않습니다. 실제로 만드는 방법이나 사례에 대해서는 다음 장에 다시 살펴보기로 하겠습니다.

병원에서 사용하는 '수술용 로봇'도 빼놓을 수는 없을 것 같습니다. 이 로봇은 이미 완전히 실용화되었고, 지금도 병원에 가면 누구나 로봇을 이용해 수술받을 수 있습니다. 구분상 '강화용 웨어러블' 로봇과 닮은 점이 적지 않은데요, 사람의 인체 능력을 키워주는 것이 그 목적이기 때문입니다. 물론 군사·산업용 웨어러블 로봇과는 차이가 크지요. 강한 힘을 내는 것이 목적이 아니라, '정밀한 손동작'을 해내는 것이 목적이니까요.

이런 특수한 로봇을 정의하기란 대단히 까다롭습니다. 휴머노이드 로봇이 두 다리로 걸어가서 물건을 옮겨 놓을 수 있습니다. 어찌 보면 이동형 로봇의 특성을 갖춘 것이지요. 그런데 서서 손으로 일을 하면 작업형 로봇의 장점도 갖춘 것입니다. 국제로봇연맹 기준으로도 대단히 애매하지요. 만약 네발로봇이 우리 집에서 여러 가지 심부름을 해준다면 분명히 개인서비스 로봇인데, 택배 회사에서 물건을 배달해줄 때 사용하면 전문서비스 로봇이 되어

버립니다. 공장에서 활용하면 또 제조업용 로봇이지요.

이런 형태의 로봇은 만들기가 까다롭습니다. 제작하기 어려우며, 가격도 비쌀 수밖에 없습니다. 하지만 분명 필요한 로봇이며, 앞으로 점점 더 발전시켜 나가야 할 로봇입니다.

예를 들어 휴머노이드 로봇은 재난현장 복구 및 구조 로봇으로서의 가치를 크게 인정받고 있습니다. 재난현장에 투입하는 로봇이 '보행로봇'이어야 합니다. 계단을 걸어 올라가고, 험난한 길을 헤쳐나가는 일은 보행 로봇 이외에는 하기 어려운 것입니다. 인간형 로봇이 가진 장점은 대단히 큽니다. 잔해를 손으로 치우고, 사다리를 기어 올라가고, 손으로 각종 기계장치를 사람 대신 조작할 수 있는 로봇은 휴머노이드 로봇 이외에는 찾아보기 어려울 테지요.

이렇게 보행 및 보조형 로봇의 '쓸모'를 끊임없이 연구해온 효과는 적지 않았습니다. 최근에는 이런 형태의 로봇들을 산업에 적용하려는 노력이 계속되고 있습니다. 공장 등에서 인간형 로봇이나 네발로봇, 그리고 웨어러블 로봇을 적용할 가능성이 보이기 시작한 것이지요.

로봇이 주위를 완전히 인식하고 자율적으로 판단해 임무를 수행하려면 아직 많은 연구가 필요합니다. 로봇의 형태나 분류, 용도에 따라 그 방법도 수없이 많지요. 그러나 AI의 상용화 체계가 잡혀가면서, 이를 로봇에 적용하는 것도 점점 빨라지고 있습니다. AI와 로봇이 만나며 눈앞의 세상을 생동감 있게 바꿔나가는 세상은 얼마 남지 않은 것 같습니다.

로봇을 만들기 위한 조건

　우리가 로봇을 개발하고, 또 사용하는 이유는 '사람이 시킨 일'을 알아서 척척 처리해주길 바라기 때문입니다. 로봇이 인간의 명령을 수행하는 것은 기본입니다만, 그 과정에서 일을 할 때는 '자율적으로' 움직일 수 있어야 합니다.

　그 과정에서 우리는 세 가지 특징을 이해할 필요가 있습니다. 우선 AI란 어떤 것인지 알아보고, AI 종류에 따른 특성을 짚어 보아야 합니다. 그리고 로봇이 임무를 수행할 때 어떤 방식으로 움직일지, 그 구동 방식에 대해서 이해해둘 필요가 있습니다. 로봇에게 일을 시키기 위해서는 로봇의 특성을 사용자인 우리가 알고 있어야 하겠지요. 마지막으로 AI와 로봇, 그리고 미래 사회의 신경망이라 할 수있는 '통신기술'에 대해서도 그 중요성을 알아두면 좋겠습니다.

🤖 AI를 만드는 두 가지 방법과 로봇을 만드는 두 가지 방법

로봇을 이해하려면 AI에 대한 이해는 필수입니다. 그러니 우선 AI에 대해서 정의부터 내려봅시다. AI란 글자 그대로 '사람이 만든 지능'을 말합니다. 사실 명확한 기준이 정해져 있지 않습니다. 학설이나 사람마다 해석에 차이가 있기 때문입니다. 하지만 '어떤 것이 AI냐'라고 물을 때 가장 기본적인 구분법은 있는데, '사용하는 사람이 지능이 있다고 느끼면 된다'는 것입니다. 즉 컴퓨터 속 AI 자체가 진짜로 생각을 하는지, 아니면 단순히 계산을 통해 명령을 수행하고 있는지는 기술적 문제이며, 쓰는 사람 입장에서 '어, 똑똑한데?'라고 느끼면 지능이 있다고 여기는 식이죠.

이 방법을 처음으로 제안한 사람은 '엘런 튜링(Alan Mathison Turing, 1912~1954)이라고 불리는 한 컴퓨터 천재였습니다. 그는 컴퓨터 과학자이자 수학자, 암호학자였는데요, 알고리즘과 계산 개념을 형식화함으로써 컴퓨터 과학의 발전에 지대한 공헌을 했습니다. 그가 2차 세계대전 당시 독일군의 암호를 해독하기 위해 개발한 기계 '튜링 기계'는 컴퓨터의 시조격 물건 중 하나로 꼽히지요.

그는 AI의 정의에 대해서도 기준을 제시했는데, 그중 유명한 것이 '튜링 테스트'입니다. AI와 여러 사람의 심판관이 채팅하고, 일정한 기준 수 이상의 심판관(보통 30퍼센트 이상)이 기계와 사람을 구분하지 못하면 '지능이 있다'고 인정해주는 방식입니다. 튜링 테스트를 공식적으로 통과한 AI는 지금(2024년)까지 러시아 연구진이 개발한 가상의 꼬마 캐릭터 '유진 구스트만(이하 유진)'이 유일합니

대화형 챗봇 유진구스트만

출처: 유진구스트만 홈페이지

다. 다른 AI를 두고 '튜링 테스트를 통과할 만하다'고 이야기하거나, '사실상 튜링 테스트를 통과한 것과 같은 성능'이라고 이야기하는 경우는 많은데요, 실제로 대학 등에서 검증된 방식으로 튜링 테스트를 통과한 경우는 유진 이외에 찾아보기 어렵습니다.

그렇다면 튜링 테스트를 통과한 유진은 정말 사람처럼 생각을 하는 AI인가요? 그렇지는 않습니다. 필자는 유진이 처음 공개됐을 때 러시아 연구진이 공개한 사이트로 접속해 직접 유진과 대화를 해봤습니다. 당시 유진은 '어디서 왔니(Where are you from)'라고 묻자 '나는 우크라이나의 오데사시 출신이에요(I am from Ukraine, from the city called Odessa)'라고 대답했었어요. 예상된 정답이었죠. 하지만 곧바로 '우크라이나에 가본 적 있니(Have you been to Ukraine)'라고 질문하자 '우크라이나? 거긴 가본 적 없어요(Ukraine? I've never been there)'라며 엉뚱한 반응을 보였습니다. 이 내용은 기사로 작성해 송고했고, 지금도 인터넷을 검색해보면 필자가 쓴 기사를 읽을 수 있습니다. 〈동아일보〉에서 '똑똑하고 다정다감… '인공지능 여친'을 소개합니다?' 라는 제목의 기사를 찾아보면 됩니다.

이런 AI가 진짜 지능이 있을 리 만무하죠. 단순히 사람들의 대화에 적당히 대답하도록 프로그램을 짜둔 것입니다. 튜링 테스트가 AI의 성능을 검증하는 과정에서 중요한 방법론을 제시한 것은

챗GPT와 같은 대화형 AI 기술이 최근 크게 발전하고 있다.

사실입니다만, 현대에는 이미 의미가 없는 것이기도 합니다. 상식
적으로 챗GPT, 제미나이 등의 고성능 AI 개발진들이 '튜링 테스트
통과'만을 목적으로 AI를 개발한다면 그리 어렵지 않은 일입니다.
다만 현대에 큰 의미가 없기 때문에 그렇게 하지 않을 뿐이지요.

엘런 튜링이 튜링 테스트에 대해 언급한 것은 1950년 철학 저
널 〈마인드〉에 투고한 논문 '기계가 생각을 할 수 있는가?'에 있습
니다. 그런데 AI라는 단어를 처음 쓰기 시작한 것이 1956년 '다트
머스 회의'였습니다. 세상에 AI라는 단어도 등장하기 전에 만들

어졌던 관념적 실험방법에 얽매여 '이 실험을 통과할 수 있어야만 진짜 AI'라고 단정할 필요는 없다는 의미입니다.

많은 사람들이 '그래도 튜링 테스트를 통과할 정도면 대단한 AI 아니냐?'라고 생각하는 건, AI의 종류를 정확히 알지 못하기 때문입니다. 튜링테스트는 소위 '강인공지능(Strong AI)'과 '약인공지능(Weak AI)'의 개념도 명확하지 않은 상태에서 만든 것이니까요. 강인공지능은 정말로 사람처럼 생각할 수 있고, 자아를 가진 AI를 말합니다. 이런 AI를 로봇 속에 집어넣으면 정말로 사람처럼 행동하기 시작하겠지요. 그러나 이는 어디까지나 영화나 만화에서만 볼 수 있는 '공상과학'의 영역입니다. '언젠간 개발되는 것 아니냐?'라고 이야기할 수 있을지 모릅니다만, 현 과학기술 수준에 강인공지능의 출현을 우려하는 것은 너무나 과한 걱정을 하는 것입니다. 즉 여러분이 주위에서 볼 수 있는 AI는 모두 약인공지능이며, 이 AI가 우연찮게, 혹은 매우 잘 만들어져서 시험에 통과했다고 해서 사람처럼 생각을 할 거라 여기는 건 옳은 것은 아니지요. 여러분은 어디까지나 약인공지능과 로봇의 결합에 의해 생겨나는 새로운 사회 시스템의 변화, 그리고 미래의 모습에 대해 생각했으면 합니다.

약인공지능을 만드는 방법은 크게 두 가지가 있는데요, 첫 번째 방법은 흔히 '기호주의' 방식이라고 부르는 것으로, 사람이 컴퓨터 프로그램의 동작 과정을 모두 다 지정해주는 것을 말합니다. 흔히 '코딩'을 한다고 하지요? 즉 컴퓨터라는 물건이 세상에 처음 등장했을 때부터 존재하던 방식이라는 겁니다. 그래서 현대에 이 기술을 써서 똑똑한 컴퓨터 소프트웨어나 로봇을 만들어도 AI라고 부르진 않습니다. 하지만 이 방식을 '구닥다리 기술'이라고 무시하지 않았으면 합니다. 명령이 정교하다면 일을 빠르게 척척 할 수 있고, 순서대로 착오 없이 일을 하도록 만들 수 있습니다. 그리고 설사 현대의 최신 AI 기술을 모두 적용한 시스템이라 해도, 전체적인 시스템의 통제는 이 기호주의 원리에 따라 진행하게 됩니다.

원리를 알고 보면 대단히 간단합니다. 컴퓨터의 동작 순서를 정할 때는 반드시 '순서도'라는 것을 그리게 됩니다. 컴퓨터가 무언가 판단을 할 때 필요한 최소한의 기준을 만드는 것입니다. 이때 소프트웨어가 어떤 것을 결정하고 자동으로 움직이도록 만들 필요가 있을 때 반드시 사용되는 명령이 있는데, 보통 '조건문'이라고 부르지요. 코딩을 하루 이틀이라도 공부해본 사람이라면 누구나 알고 있는 'if else'라는 명령어가 기본입니다. 프로그램 언어마다 차이가 있지만, 보통 'if A do B else C'라는 식으로 적습니다. 'A라는 조건에 충족하면 B를 실행하고, 아니면 C를 실행한다'는 뜻이 됩니다. 이 조건문은 기호주의 방식의 핵심 명령어라고 생각해도 거의 틀리지 않지요.

사실 현대에 우리가 쓰고 있는 거의 모든 자동화 기계장치는 이 방법을 이용해 만든 것입니다. 컴퓨터나 스마트폰은 기본입니다. 세탁기가 자동으로 빨래를 하고, 아침에 정해진 시간에 자명종 시계에서 알람이 울리는 것 등이 모두 이런 기술입니다. 청소용 로봇, 세탁기, 전자레인지, 아니면 공장 같은 곳에서 물건을 집어 드는 공업용 기계 같은 것도 모두 마찬가지입니다. 다만 이런 '조건문'을 수백, 수천, 심하면 수만 개 이상 복잡하게 연결해 원하는 작업을 하도록 순서를 지정해줄 뿐입니다. 그럼 이렇게 만든 컴퓨터 소프트웨어나 기계장치는 얼핏 보기에 뭔가 자기 스스로 판단을 하고 움직입니다. 그렇다면 사용자의 눈에 '똑똑해 보일 수도' 있겠지요. 즉 인공지능인지 아닌지를 판단하는 기본 조건을 충족한 셈입니다. 다소 복잡한 수학적 기법을 동원하면 점점 더 똑똑해 보이게 만들 수도 있습니다. 과거에 '인공지능'이라고 부르던 것들은, 거의 대부분이 이 같은 단순 코딩기법의 일환이었지요. 하지만 이것만으로도 많은 일을 할 수 있었고, 세상의 발전을 일궈낼 수 있었습니다.

두 번째 방법은 '연결주의' 방식이라고 부릅니다. 이 기술을 동원해야만 요즘은 AI라고 구분하는 경우가 많습니다. AI가 데이터를 기반으로 스스로 판단능력을 갖추고 있는 경우를 이야기하지요. 즉 모든 상황에서 사람의 미리 지정해둔 명령에 따라 움직이면 기호주의 AI, 스스로 판단하고 일을 해내는 능력을 갖고 있으면 연결주의 AI라고 생각해도 틀리지 않습니다. 요즘 많이 등장하고 있는 다양한 방식의 AI, 이른바 챗GPT나 제미나이, 구글 언어 번역 등은 모두 이런 '연결주의 AI'에 해당합니다. 그러나 튜링 테스트를 통과했던 유진은 기호주의 방식으로 개발한 것으로 알려져 있습니다. 즉 유진은 요즘 기준으로 정식 AI로 분류하기조차 어려운 존재였던 거죠.

연결주의 AI는 기본적으로 '학습'이 가능합니다. AI가 뭔가 일을 하려면 판단의 재료가 될 '데이터'가 필요한데요, 이런 데이터를 공급하는 일을 '학습을 시킨다'고 합니다. 즉 연결주의 AI란 수없이 많은 데이터를 학습하고 거기서 공통분모를 찾아내는 기술을 이야기하는 것입니다. 간단하게 말하면 학습한 데이터를 기억해둔 다음, 이를 바탕으로 비슷한 점, 혹은 다른 점을 찾아낸 다음 확률적으로 답을 선택하는 컴퓨터 프로그램이라고 설명할 수도 있습니다.

이 '데이터를 바탕으로 판단하는 기능'이 생겨난 다음부터는 이야기가 달라집니다. 예를 들어 바둑을 둘 때 다음 돌을 어디다 둘지, 사람과 이야기를 할 때 다음에 어떤 말을 할지, 그림을 그릴 때 다음 붓질을 어디다 해야 할지, 음악을 연주할 때는 다음에 무슨 음을 선택할지 등의 모든 과정이 다 '판단'이기 때문입니다.

2000년대 후반 이후, 이 같은 '연결주의 AI'가 점차 주목받기 시작하면서 이제는 과거에는 사람만이 할 수 있었던 일, 사람의 판단력이 꼭 필요했던 일의 상당 부분을 컴퓨터, 그리고 로봇으로 할 수 있게 됐습니다. 인터넷이 발달하면서 학습을 할 데이터를 축적하기 좋아졌으며, 컴퓨터 성능이 크게 높아지면서 대용량의 데이터를 축적하며 학습하는 것이 가능해졌습니다. 그래서 인간과 컴퓨터, 또는 로봇이 맡아야 하는 일의 구분이 과거와 큰 폭으로 달라지고 있지요. 이것이 'AI가 현재 산업에 일으킨 혁신'의 기본적 원리입니다.

이제 AI를 만드는 두 가지 방법에 대해 알았으니, '로봇을 만드는 두 가지 방법'에 대해 알아봅시다. 로봇 개발을 시작하면 로봇공학자들은 보통 두 가지 방식 중 하나를 반드시 선택하려고 합니다. 그 첫째는 '이동성(Mobility)이 높은 로봇'이고, 두 번째는 '자율성(Autonomy)이 높은 로봇'입니다.

이동성이 높은 로봇을 개발하는 것은 '기호주의 방식'이 기본입니다. 즉 로봇이 어떻게 움직일지, 그 동작 순서를 사람이 하나하나 다 정해주는 것입니다. 이런 로봇은 명령을 받으면 굉장히 빠르게 움직이고, 또 개발과정에서 코딩만 제대로 해줬다면 오차 없이 정확하게 명령받은 대로 움직입니다. 보통 공장에서 흔히 보는 '제조업용 로봇'을 만들 때 이 방법을 많이 사용합니다. 사람이 명령만 내리면 재빠르게 강한 힘을 내서 움직이는 '군사용 로봇' 등을 만들 때도 자주 사용하는 방법이지요.

자율성이 높은 로봇을 만드는 방법은 이와 반대입니다. 즉 '연결주의 AI'를 탑재하는 경우가 많습니다. 로봇이 '자율적으로' 움직이게 만들려면 어떻게 해야 할까요. 기본적으로 컴퓨터를 이용하는 방법밖에 없는데, 이 과정에서 가장 효율이 높은 방법이 연결주의 AI를 사용하는 것입니다. 예전에는 사람이 직접 코딩한, 복잡한 기호주의 방식 소프트웨어로 어떻게든 '스스로 판단하는 로봇'을 만들어 보려고 노력하곤 했습니다. 하지만 원하는 만큼 성능이 나오지 않았지요. 왜냐하면 사람에겐 당연하다 싶은 것을, 기호주의 방법으로는 컴퓨터에게 알려주는 것이 불가능한 경우가 많기 때문입니다.

예를 들어 농장에서 과일을 수확하는 로봇이 있다고 가정해봅시다. 이 로봇이 '잘 익은 귤'만 골라서 정확하게 따도록 만들고 싶은데, 기호주의 방식으로는 어떻게 해야 할까요? 그렇게 하려면 로봇에게 귤의 모양을 알려줘야 하겠지요. 그런데 말로 귤의 모양을 어떻게 설명합니까? '동그랗고, 주먹보다 조금 작은 편이며, 약간 노란 색'이라고 알려주면 되나요? 이런 물건이 세상에 얼마나 많겠습니까? 로봇이 이 명령만 듣고 '잘 익은 감'과 '잘 익은 귤'을 구분할 수 있을까요?

하지만 연결주의 AI를 이용하면 일이 간편해집니다. AI에게 잘 익은 귤 사진을 수십 장, 부족하면 수백 장, 그래도 부족하면 수천, 수만 장을 학습시키면 되는 일입니다. 그럼 연결주의 AI는 마침내 '잘 익은 귤의 특징'을 스스로 판단할 수 있게 됩니다. 그리고 이 AI의 명령을 받은 로봇은 이제 로봇 팔을 뻗어 사람처럼 귤을 척척 잘 수확할 수 있게 되겠지요.

이처럼 기호주의 방식의 컴퓨터 코딩을 통해서도 로봇은 만들수 있습니다. 하지만 미래형 로봇을 만들기 위해선 연결주의 AI 방식과 로봇의 결합은 필수적이라는 점을 꼭 알았으면 좋겠습니다.

🐵 전기모터 VS 유압장치

로봇을 이해하기 위해서는 로봇을 실제로 움직이는 '구동장치'
에 대해서도 알아둘 필요가 있습니다. 영어론 액추에이터(Actuator)
라고 적습니다. 조금 어렵게 여겨질 수 있는데, 사람 몸에 붙어 있
는 '근육'을 생각하면 됩니다. 우리 몸은 뼈에 붙은 근육을 늘이
고 줄여서 관절을 움직이기 때문에 여러 가지 동작을 할 수 있습
니다. 로봇도 마찬가지입니다. 온몸에 근육을 대신할 장치를 붙여
주어야 하지요. 이 장치는 로봇을 만들 때 가장 중요한 부품 중 하
나입니다. 로봇공학이란 구동장치에서 나오는 힘을 이용해 로봇
의 팔과 다리, 몸통을 자연스럽게 움직이는 방법을 연구하는 것이
라고 해도 크게 틀리지 않을 정도이지요.

액추에이터는 크게 두 종류입니다. 첫 번째는 '전기모터' 방식
입니다. 실제로 로봇을 만들 때 가장 자주 사용하는 액추에이터
가 바로 '전기모터'입니다. 이 전기만 연결하면 즉시 움직이기 시
작하니 아주 편리하지요. 로봇을 만들 때는 전기모터 이외에도 다
양한 부품이 필요합니다. 먼저 전기를 저장해둘 '배터리'가 있어야
해요. 그리고 배터리에서 나온 전기의 힘을 조절해 고루 보내주는
전력 관리 장치도 필요해지겠지요. 이 부품을 '인버터'라고 부릅니

유압식 구동장치로 움직이는 대표적인 기계장치가 '굴착기'다. 강한 힘을 낼 수 있어 산업용 기계제작에 자주 쓰인다.

출처: 두산인프라코어

다. 그리고 전기모터에서 나온 힘을 로봇 팔과 다리 또는 바퀴로 연결하면서 강한 힘을 내도록 도와주는 '감속기'라는 장치도 꼭 필요해집니다.

배터리나 전력 관리 장치는 로봇 몸속에 최소 하나씩 설치해야 하고, 모터와 감속기는 로봇의 관절마다 연결해야 합니다. 그러니 커다랗고 복잡한 로봇을 만들려면 대단히 많은 부품이 필요해집니다.

전기모터 방식의 로봇은 아주 정밀하게 움직일 수 있고, 전기 관련 기술을 응용해 쉽게 만들 수 있으므로 대부분의 로봇을 만들 때 가장 먼저 선택하는 방법입니다. 이동형 로봇은 거의 대부분 전기모터 방식이며, 인간형 로봇 등의 보행 로봇도 전기모터를 이용해서 만드는 경우가 많습니다. 힘이 다소 약한 것이 단점입니다만, 요즘 고성능 모터가 많이 개발되어 꼭 그렇지도 않습니다. 다만 한 가지 단점이 있는데, '힘 조절'이 어렵다는 점입니다. 사람이 팔을 뻗을 때는, 겉보기엔 똑같아도 굉장히 힘을 많이 주고 움직일 수 있습니다. 즉 장난으로 친구를 살짝 때릴 때와, 격투기 경기 도중 상대 선수를 있는 힘껏 때릴 때 팔에 주는 힘이 전혀 다르겠지요. 그런데 전기모터 방식의 로봇은 낼 수 있는 힘이 정해져 있는 경우가 많기 때문에 사람처럼 힘을 자유자재로 조정하기 어렵습니다. 물론 전압을 바꿔주거나, 혹은 중간에 힘을 줄이거나 늘려주는 부품을 설치하면 어느 정도 제어가 가능합니다만, 아무래도 힘 제어를 하는 데는 불리할 수밖에 없지요.

또 다른 방법은 '유압식'입니다. 유압식 액추에이터는 기름의 압력을 이용해 움직이는 방식으로, 힘이 아주 센 기계를 만들 수 있는 것이 가장 큰 장점입니다. 우리가 길을 가다 쉽게 볼 수 있는 건설용 굴착기(포클레인)도 유압식 구동장치로 만들어진 것입니다. 군사용 로봇 등 강한 힘이 필요한 로봇을 만들려면 필수적인 방법입니다.

유압식은 '실린더'라고 부르는 주사기처럼 생긴 부품을 쭉 밀어넣고, 그때 밀려 나가는 기름의 압력을 이용해 로봇의 팔이나 다리를 움직입니다. 그런데 기름은 강한 힘으로 짓누르면 압축된다는 성질이 있습니다. 그러니 실린더의 깊이를 아무리 정밀하게 조정해도, 로봇이 움직일 때 팔이나 다리를 움직이는 정도가 매번 달라지는 것을 피하기 어렵습니다. 즉 강한 힘을 얻을 수 있는 대신, 정밀하게 제어하기가 까다롭습니다. 하지만 일단 제어에 성공하기만 하면 전기모터 방식 로봇의 가장 큰 단점인 '힘 조절'을 하기가 대단히 편리해지지요.

소형화가 어렵다는 것도 특징입니다. 높은 기름의 압력을 견디려면 아주 정밀하고 튼튼한 실린더가 필요하지요. 유압식 로봇을 만들 때는 액추에이터를 뼈대 앞뒤로 붙여주어야 하므로 로봇의 팔이나 다리가 굵어지게 됩니다. 기름의 압력을 높이기 위해 기름을 공급하는 펌프 장치도 함께 달아줄 필요가 있습니다. 그래서 로봇이 전기모터 방식에 비해 무겁고 크기도 커질 수밖에 없습니다. 그리고 이런 부품은 보통 값이 대단히 비싸기 때문에, 완성품 로봇의 값이 굉장히 비싸지는 단점도 있습니다. 물론 요즘엔 소형화된 유압 부품도 많이 개발되고 있어서 단점이 많이 줄어들었습니다만, 그래도 꼭 필요한 경우가 아니면 전기모터 방식을 채택하는 경우가 아주 많습니다.

두 형태의 로봇 중 어떤 것이 더 유리하다고 꼭 단정할 필요는 없습니다. 다만 로봇을 어디에 사용할 것인지, 그 목적에 따라 로봇의 구동 방식이 달라진다는 점은 로봇시대의 사용자로서 꼭 알아두어야 할 내용입니다. 기계장치의 특성을 모르는 사용자가 일을 한다면 좋은 결과를 기대하기는 어렵기 때문입니다.

부산 광안리 해변에서 2024년 10월 펼쳐진 드론쇼의 모습

출처: KAPP(대한패들서프 프로협회)

🤖 AI와 로봇의 신경 '통신'을 이해하자

로봇을 이야기하면서 또 한 가지 빼놓아서는 안 될 것이 있는데, 그것은 바로 '통신 기술'입니다. 미래형 로봇은 AI의 명령을 받아 움직이지요. 로봇의 몸 속에 컴퓨터를 넣고, 그 속에 필요한 모든 AI 기능을 전부 넣어준다면 가장 좋겠습니다만, 일이 그렇게 쉽지는 않습니다. 왜냐하면 고성능 AI는 예외 없이 엄청난 컴퓨터 자원이 필요하기 때문입니다. 챗GPT와 같은 AI는 슈퍼컴퓨터에 필적하는 컴퓨터 자원을 이용하고 있으니까요. 이렇게 만든 컴퓨터를 로봇 몸체 속에 넣고 다닐 수는 없는 일입니다.

그렇기 때문이 로봇은 AI 시스템과 반드시 서로 '통신'을 할 수 있어야 합니다. 몸의 중심을 잡거나, 길을 찾아가는 등의 간단한 일은 로봇 몸에 들어 있는 컴퓨터에서 판단하고, 복잡한 판단을 하거나 사람과 대화를 하는 등의 일을 할 때는 먼 곳에 있는 초대형 컴퓨터에 탑재된 AI를 이용하는 방식으로 일을 나누어 처리하면 좋겠지요. 이는 단적인 사례를 들었을 뿐입니다. 통신기술은 기계장치의 신경이라고 부를 수 있으며, 그 중요성이 앞으로 점점 더 높아져 갈 수밖에 없습니다.

흔히 통신이라고 하면 사람과 사람 간에 전화를 하거나 문자메

시지, 이메일 등을 주고받는 경우를 생각하는 경우가 많은 것 같습니다. 물론 이런 분야가 통신 기술을 이용한 대표적인 사례이긴 합니다만, 이제는 시대가 바뀌면서 컴퓨터 또는 기계장치 간의 통신이 한층 더 중요해지고 있습니다.

사실 로봇 몸체 속에서도 통신은 끊임없이 이뤄지고 있습니다. 기계장치 간에 통신이 불가능해진다면, 로봇의 두뇌에서 보낸 명령이 팔과 다리, 혹은 바퀴나 프로펠러로 전달될 수 없게 됩니다. 통신이 끊어진 로봇은 명령을 수행하지 못하고 정지해버리거나, 혹은 엉뚱한 행동을 하다가 고장나버리겠지요.

이런 통신을 외부에 있는 다른 로봇과 주고받아서, 수없이 많은 로봇이 하나의 시스템처럼 움직이는 경우도 있습니다. 이런 로봇을 이른바 '군집 로봇'이라고 합니다. 수백 대, 수천 대의 드론이 하늘을 날아다니며 멋진 그림을 그려서 보여주는 '드론 쇼' 등이 대표적인 기술입니다.

이처럼 통신기술은 로봇이 일을 할 때 필수적입니다. 그리고 앞으로도 계속 발전이 필요한 분야입니다. '이미 그런 통신 기술은 충분하고, 그걸 이용해 로봇을 만드는 것이 중요한 것 아니냐?'라고 생각할 수 있습니다만, 현실은 생각과 다릅니다. 통신기술이 부족해 고성능 로봇을 만들기 어려운 경우가 적지 않기 때문입니다.

AI가 들어 있는 컴퓨터 장치의 통신기술은 뭐가 있을까요? 인터넷 연결선(UTP)을 꼽기도 하고, 무선인터넷(Wifi)을 이용하기도 합니다. 요즘은 이동통신 기술(LTE나 5G)을 이용하는 경우도 많지요. 블루투스, 지그비 등의 근거리 무선 연결 기술도 자주 쓰이지요. 컴퓨터 내부를 들여다보면 더 복잡합니다. 유니버설 시리얼 버스(USB)는 이젠 없어선 안 될 장치가 됐고, 컴퓨터와 모니터를 연결하기 위한 기술은 고선명 멀티미디어 인터페이스(HDMI)나 디지털 비주얼 인터페이스(DVI), 디스플레이 포트(DP) 등도 있습니다. 이런 기술들이 모두 통신 기술에 속합니다. 이밖에 잘 알려지지 않지만 컴퓨터 기판을 잘 들여다보면 내부의 작은 부품끼리도 수없이 많은 통신 기술을 이용해 서로 연결돼 있습니다. 이처럼 정밀한 기계장치 한 대만 만들려고 하면, 보통 수십 가지 이상의 통신 기술이 필요하다는 것을 알 수 있습니다. 그런데도 사람들은 여전히 원하는 성능을 100퍼센트 구현하고 있지 못하지요. 어떤 기술은 혼선이 잦고, 어떤 기술은 속도가 느리며, 어떤 기술은 사람이 매번 어디에 연결될지를 지정해주어야 합니다. 그렇게 하지 않으면 오작동을 일으키게 되지요.

이런 것은 여러분들이 흔히 쓰는 스마트폰을 생각해보면 쉽게 알 수 있습니다. 이상하게 검색도 잘되지 않고 카카오톡 메신저도 잘 받아지지 않아서 살펴보면, 기지국과 연결이 끊어져 있는 경우가 적지 않기 때문입니다. 생각도 하지 않았던 엉뚱한 와이파이에 연결을 시도하고 있는 경우도 여러 번 경험했을 것입니다. 이런 일이 로봇 시스템을 통제하는 도중에 일어나면 큰 사고로 이어질 수 있겠지요. 이동형 로봇을 믿고 배달을 시켜 보았는데, 도중에 인공위성위치확인시스템(GPS)과 로봇 사이의 통신이 끊어져 버리면, 그 로봇은 아무 일도 할 수 없게 되겠지요.

또 다른 한 가지 중요한 것은 사물인터넷(IoT)입니다. 미래 사회엔 AI가 로봇만 통제하는 것이 아닙니다. 집안 모든 전자제품, 나아가 소파나 책상 같은 가구, 더 나아가 작은 칫솔이나 휴지통 등에도 전자칩이 들어가는 세상이 오게 될 것입니다. 이런 모든 것들이 하나의 AI로 연결돼 사무실이나 공장, 가정의 모든 기능을 종합적으로 통제하는 세상이 오게 되겠지요. 여러분의 집에 완벽한 기능의 IoT가 설치돼 있다고 생각해봅시다. 로봇청소기가 온 집을 깨끗하게 관리해주는 정도에 그치지 않습니다. 침대는 건강관리 기능을 갖게 되고, 칫솔은 이 닦는 습관을 체크해주는 도구가 될 수 있습니다. 휴지통은 분리수거를 제대로 했는지를 확인해주는 장치로 거듭날 수 있게 되겠지요. 많은 비용을 들여 이런 모든 물건을 로봇장치처럼 만들 필요는 없습니다. 그저 작은 센서 한두 개만 넣을 수 있다면 충분하니까요. 쉽게 말해 집 전체가 주인을 위해 생각하고 움직이는 하나의 로봇처럼 작동하게 되는 것입니다. 그리고 복잡한 판단 기능은 모두 초거대 컴퓨터에 들어 있는 AI가 대신할 것입니다. 더 발전하면 사회 전체가 하나의 로봇처럼 기능하게 됩니다.

퇴근 시간이 되면 AI가 '자율주행 로봇택시'를 회사 앞으로 알아서 보내줍니다. 퇴근길, 거리에 있는 모든 자동차는 서로 신호를 주고받으며 운행하기 때문에 일체의 사고를 일으키지 않습니다. 집에 도착할 시간이 거의 다 되면 다시 자동차가 집으로 신호를 보내겠지요. 그럼 창문은 자동으로 환기를 시작하고, 조명 장치는 오늘 날씨에 알맞게 조도를 조정해주며, 보일러와 가습기가 알아서 집안 온도와 습도를 최적으로 조절해줄 것입니다. 이런 모든 과정을 하나로 연결해주는 것이 바로 통신기술입니다. 앞으로 통신기술의 발전이 세상을 변화시키는 데 얼마나 중요한지를 알수 있을 거라고 생각합니다.

사람들은 흔히 로봇을 기계공학기술의 일부라고 생각하는 경향이 강합니다. 즉 정밀한 기계장치라고 생각하는 것이지요. 물론이 말도 맞습니다. 하지만 최근의 동향을 보면 로봇은 AI 세상의 '일꾼'이라는 개념이 점점 더 강해지고 있습니다. 앞으로 AI가 자율적으로 처리할 수 있는 일은 점점 더 늘어날 것이고, 그 손과 발이 되어줄 로봇의 활약은 점점 더 많아지겠지요. 이 시대에 통신 기능이 한층 더 중요해지는 것은 자명한 일입니다.

안타까운 것은 아직 로봇기술도, AI도, 그리고 통신기술도 더욱 발전할 필요가 있다는 점입니다. 이런 기술적 숙제를 넘어야만 새로운 사회로 나아갈 수 있게 됩니다. AI와 로봇, 그리고 통신기술의 필요성과 발전 가능성, 그리고 그 중요성을 여러분들이 충분히 알아주기를 바라는 이유입니다.

로봇이 인간에게
반항할 수 있을까

    로봇이 인간에게 반항하고, 나아가 인간을 공격하거나 지배하려 드는 줄 거리의 영화를 의외로 자주 볼 수 있습니다. 대표적인 영화가 유명한 〈터미네 이터〉가 아닐까 생각됩니다. 그러니 많은 사람들이 '로봇이 인간에게 반항할 지도 모른다. 로봇에 AI를 장착하면 안 된다'고 주장하기도 하지요.

    이런 이야기가 성립하려면 로봇에 '자아'를 갖고 있는 인공지능, 이른바 강인공지능(Strong AI)을 설치해야 하겠지요. '그런 AI가 언젠가는 등장하지 않겠느냐'는 질문에는 '그럴 가능성이 있다'고 답할 수 있을 것 같습니다. 사 람의 몸 역시 세포로 이뤄져 있는 하나의 정교한 장치라고 할 수 있겠지요. 그 러니 자아를 갖고 있는 인공적인 기계장치가 만들어진다고 해도 이상할 것은 전혀 없는 셈입니다. 그리고 AI가 자아를 갖기 시작한다면, 많은 사람들이 우 려하고 있는 것처럼, 인간의 통제를 따르지 않는 등의 문제를 일으킬 여지도 생겨나게 됩니다.

관건은 이런 일이 현재 과학기술 수준에서는 아직 요원하다는 것입니다. 많은 사람이 흔히 하는 착각 중 하나가 '어떤 천재가 몇 날 며칠에 걸쳐 특별한 컴퓨터 소프트웨어를 열심히 개발하기만 하면, 흔히 볼 수 있는 고성능 컴퓨터가 사람처럼 생각을 하게 되는 건 아닐까' 하는 것입니다. 실제로 이런 장면이 등장하는 영화나 만화 등이 적지 않지요.

AI가 인간에게 반항하는 줄거리는 거의 100년 전부터 있었습니다. 영화사를 통틀어 최초의 '로봇'이 등장하는 영화는 아마도 1927년 작 〈메트로폴리스〉일 텐데요, 이 영화를 보면 인간과 똑같이 생겨 구분이 거의 불가능한 로봇 '마리아'가 노동자 계층에 숨어들어가 스파이 활동을 벌이는 장면이 나옵니다. 하지만 2024년인 지금도 AI가 인간 같은 자아를 갖길 우려하는 건 어불성설인 상황입니다.

그 까닭은 아직 인간의 의식이 어떻게 생겨나는지에 대한 그 원리가 규명돼 있지 않기 때문입니다. 즉 우리 인간은, 두뇌가 어떻게 움직이기에 자아를 갖게 되는지 그 원리에 대해 아직 알고 있는 것이 거의 없습니다. 알지도 못하는 것을 흉내 내서 사람처럼 생각을 하게 만든다는 말은 논리적으로 앞뒤가 맞지 않겠지요. 컴퓨터 시스템을 통해 뇌의 기능을 일부분이라도 흉내 내려고 수십 년간 노력해왔습니다만, 어디까지나 기능의 일부분이라는 점은 반드시 알아두어야 합니다.

따라서 강인공지능의 개발은 아직 인류의 지식 밖에 있는 문제입니다. 이것이 가능하다고 이야기하는 경우는 그 정보의 출처를 정확히 확인하고 신뢰성을 검증해보아야 합니다. 하물며 '영화에서 봤는데' 같은 이야기는 현실적 판단에 조금도 도움이 되지 않겠지요.

그렇다면 강인공지능을 개발할 방법은 없는 걸까요? 지속적인 뇌 과학 연구로 인간이 자아를 갖는 비밀이 밝혀진 이후라면 어떨까요? 그때가 되면 다소 가능성이 생기겠지요.

그 다음엔 그렇게 풀어낸 '자아의 비밀'을 인공 시스템을 통해 구현해야겠지요. 생각해볼 수 있는 방법은 대단히 여러 가지가 있을 것 같습니다. 인간의 뇌를 초대형 컴퓨터 속에 시뮬레이션하거나, 인간의 뇌세포와 같은 기능을 하는 특별한 소자를 만든 다음, 이를 모아 뇌 형태로 엮어내는 방법도 생각할 수 있습니다. 미래의 컴퓨터 시스템인 '양자컴퓨터'를 이용하는 것도 가능성 높은 방법이라고 하더군요. 그것도 아니라면 살아있는 세포를 이용해 만든 '유기물 컴퓨터'를 만드는 방법도 일말의 가능성이 있습니다. 최근엔 '오가노이드'라고 해서, 장기의 기능을 하는 세포덩어리를 배양해내는 기술도 존재합니다. 그런데 이렇게 세포조직을 통해 살아있는 뇌를 만들면, 이 지능을 과연 'AI'라고 부를 수 있을지도 또 다른 고민거리이긴 합니다. 물론 미래에는 우리가 지금껏 알지 못하는 전혀 새로운 원리의 시스템이 등장할지도 모르는 일입니다. 지금 이야기할 수 있는 것은, 진정한 강인공지능을 개발하려면 지금까지와는 전혀 다른 새로운 방법이 개발되어야 하고, 그 기술이 고도로 발전해야만 가능성이 있다는 점입니다.

자, 이런 모든 문제를 해결하고 사람들이 강인공지능을 마침내 개발했고, 그 AI를 로봇에 장착했다고 생각해 봅시다. 왜 우리 인간들이 그 로봇을 두려워해야 할까요? 무작정 인간을 공격하는 악한 존재가 된다고 생각할 이유는 사실 어디에도 없습니다. 인간만큼은 아닙니다만, 지구상에는 의외로 높은 지능을 가지고 있는 동물이 적지 않습니다. 이런 동물은 모두 다 위험한가요? 사실 유인원이나 돌고래 등 고등한 동물일수록 우리 인간에게 비교적 더 안전한 편입니다. 우리가 만날 수 있는 가장 지능이 높은 동물은 당연히 내가 아닌 '다른 사람'이겠지요.

그런데, 사람은 우리에게 위험한가요? 실제로 그렇지 않다는 걸 누구나 알고 있습니다. 경우에 따라 공격적이거나 위험한 사람이 있지만, 대부분의 사람은 다른 동물에 비해 훨씬 안전합니다. 그렇다면 인간처럼 자아를 갖고 있는 인공지능은, 그 위험성이 확률적으로 매우 낮다고 기대할 수 있지 않을까요?

더구나 인간이 만들어낸 AI를 인간이 통제할 수 없다고 생각하는 것도 다소 어폐가 있는 생각입니다. 아마도 처음부터 인간을 따르도록 만들어져 있을 가능성이 매우 높기 때문입니다.

예를 들어 훈련을 받은 커다란 투견이 있다고 가정해보죠. 이 투견을 완력으로 이길 수 있는 인간은 몇 되지 않을 것입니다. 사실 인간 사회에 대단히 위험한 존재일 수 있지요. 하지만 이렇게 무서운 투견도 자기 주인에게 반항하는 경우는 거의 없으며, 심지어 두려워하며 따릅니다. 힘으로 상대하면 얼마든지 이길 수 있음에도 자기의 주인이라고만 각인되면 비록 어린아이라도 따르는 것이지요. 종의 특성상 주인에게 충성하는 성격이 강하기 때문입니다. 그러므로 인간은 개를 키울 수 있고, 개의 행동을 통제할 수 있습니다. 물론 드물게 개물림 사고가 발생하긴 하지요. 하지만 애써 개라는 종을 인간의 생활 속에서 배제할 정도는 되지 않기에 우리는 개와 함께 살아갈 수 있습니다.

AI가 장착된 로봇 역시 마찬가지로 원칙을 적용할 수 있을 것 같습니다. 개발 과정에서 가장 먼저 기본적인 규칙을 심어두어 인간 사회에 안전하도록 만드는 것입니다. 흔히 알려져 있는 '로봇 3원칙'도 대표적인 사례가 되지 않을까 생각됩니다. 로봇 3원칙에 대해서는 책 말미에 다시 알아보겠습니다. 중요한 것은, 강인공 지능을 가진 로봇이 인간 사회에 녹아들어 함께 살아가도록 하려면 다양한 규칙을 고민할 필요가 있다는 것입니다.

마지막으로 고민해야 할 것은 윤리적 문제입니다. '인간의 명령을 충실히 따르는' 강인공지능을 우리는 어떻게 받아들여야 할까요?

여기에 대해선 크게 두 가지 의견이 있습니다. 첫째는 '어디까지나 인간이

만든 기계장치일 뿐이니, 철저히 기계제품으로서 사용해야 한다'는 의견입니다. 한편 그 반대로 '비록 인간이 만든 로봇이긴 하지만, 고도의 자의식을 가진 존재라면 다른 기계장치나 동물과는 다른 특별한 대우가 필요하다'고 여기는 사람들도 있습니다. 자아를 가지고 있다는 말은 스스로 생각을 한다는 뜻이며, 따라서 그 자아가 비록 인공적인 것이라고 하더라도 나름의 권리를 존중할 필요가 있다는 주장이지요.

대세는 두 가지 방법을 적당히 상황에 맞게 적용하는 '절충형'인 것 같습니다. 나름대로 권리를 인정해주되, 인간의 권리만큼은 침해할 수 없는 존재 정도로 규정하는 것이지요. 이렇게 될 경우 새로운 법과 제도가 필요해집니다. 그 선택 과정에서 우리는 충분한 사회적 합의를 거칠 필요가 있습니다.

예를 들어 유럽연합(EU)의 경우 강인공지능을 어떻게 대우할지를 의회를 통해 제도를 만들기도 했습니다. 당장 강인공지능이 태어날 것을 대비한다기보다, 미리부터 기본제도를 준비하고 과학과 기술의 발달에 맞춰 그 제도를 다듬어나갈 기반을 마련한 셈이지요.

최근 EU는 '약한 인공지능(Weak AI)' 역시 점점 고도화되어감에 따라, 이런 AI가 악용되지 않도록 하는 'AI 법'도 세계 최초로 통과시킨 바 있습니다. AI 활용 분야를 총 4단계의 위험 등급으로 나눠 차등 규제하는 내용입니다.

예를 들어 고위험 등급으로 분류되는 의료, 교육을 비롯한 공공 서비스나 선거, 핵심 인프라, 자율주행 등에서는 AI 기술 사용 시 사람이 반드시 감독하도록 하고 위험관리 시스템을 구축하도록 했습니다. 우리나라도 EU를 따라 조만간 관련 법을 만들 생각이라고 하네요. 물론 이는 '신기술에 대한 규제' 정도로 보는 것이 타당합니다. 하지만 이런 경험이 쌓이다 보면, 먼 미래에 언젠가 강인공지능이 등장했을 때 그에 대응하는 법과 제도 역시 분명히 등장하지 않을까 생각됩니다.

2장

로봇은 어떻게
세상을 바꿀까

"로봇이 지저분하고 힘든 일을 알아서 척척 해주는 날은 언제쯤 오게 될까요?"

'로봇'을 가지고 주위 사람들과 이야기를 나누는 경우가 많습니다. 사람들의 반응은 상당히 다양한데, 잘 정리해보면 생각이 비슷비슷한 경우도 많은데, '로봇'에 대해 '내가 하기 귀찮은 일을 대신 해주는 존재'라고 생각하는 경우를 의외로 자주 보지요.

사람들은 왜 '로봇'을 보면 이런 생각을 먼저 떠올리는 걸까요. 아마도 수없이 많은 영화나 만화 속에 등장하는 로봇 때문일 것입니다. SF(과학픽션) 작품 속 로봇은 집안일을 돕거나, 심부름을 해주기도 하고, 위험한 상황에서 나타나 악당(?)을 척척 무찌르기도 하는 모습을 본 기억이 있기 때문이겠지요. 로봇이 반란을 일으키는 내용의 〈아이로봇〉, 그리고 로봇이 치매 환자를 돕는 〈로봇 앤 프랑크〉 등 수없이 많은 영화 속에서 로봇은 인간을 돕거나, 인간 대신 일을 하는 존재로 묘사됩니다.

그렇다면 이처럼 '궂은일을 도맡아 해주는 로봇'이 과연 언제쯤 현실에 등장하게 될까를 궁금하게 생각하는 것도 당연할 것 같습니다. 사실 당장 수십 년 사이에 로봇이 우리 집에서 설거지나 청소를 척척 도맡아 할 수 있을 거라고 생각하긴 어렵습니다. 이는 로봇 몸체를 만드는 기술보다, 주변 환경을 완전하게 인식하고, 로봇 스스로 모든 상황에 종합적으로 대처할 수 있는 '사고능력', 즉 AI의 개발이 어렵기 때문입니다. 가사 일을 알아서 척척 해줄 수 있는 집사 로봇이 등장하려면 인간의 두뇌에 필적하는 고도의 AI가 필요할 텐데, 아직 그만한 AI를 만들 수 있는 방법을 우리는 알지 못합니다.

여기까지 이야기하면 많은 사람들은 '아직도 그 수준밖에 되지 못하느냐'고 실망하곤 합니다. 하지만 과학기술이라는 건 언제나 발전하고 있는 것입니다. '완벽한 기술의 등장'만을 기다리고 있다면 세상에 쓸 수 있는 편리한 기술이 하나도 남지 않겠지요. 다소 불완전해도 지금보다 좋은 점이 있다면 만들고 보급할 가치가 충분합니다. 로봇기술도 마찬가지입니다. 로봇이 어디까지 쓸모가 있고, 또 우리 삶을 어떻게 바꾸어 나갈수 있을지를 먼저 가늠해보아야 합니다.

먼 미래에, 언젠가는 SF 작품에 등장하는 로봇과 비슷한, '생각할 수 있는 로봇'이 등장할지 모를 일입니다. 하지만 당장 가까운 미래에 우리 생활을 바꿀 로봇의 모습은 영화 속의 그것과 큰 차이가 있다는 사실도 꼭 알아야 할 필요가 있습니다. 우리들이 누려야 할 미래는, 불과 수십 년 이내이기 때문입니다. 로봇기술은 그 미래는 어떻게 바꿔 나갈까요?

로봇,
산업을 바꾸다

지금을 '4차산업혁명시대'라고들 하지요. 몇 년 전만 해도 '도무지 '4차산업혁명'이란 말의 실체를 알기 어렵다, 존재하지도 않는 공염불 같은 이야기를 가지고 왜 이렇게 많은 사람들이 열광하는지 알기 어렵다'는 이야기를 자주 들어본 것 같습니다. 이런 말을 들을 때마다 한편으로 정확한 지적이라고 생각하면서도 한편으로는 아쉽다는 생각을 하곤 했는데, 본래 실체가 없는 것이 당연하기 때문입니다. 산업의 흐름이 변하고, 생활의 양식이 변화하는 것인데 실체를 찾는 것이 더 이상하지요.

1차산업혁명이 어떻게 시작됐나요. 다들 아시다시피 상징적으로 '증기기관'이라는 물건을 떠올립니다. 알기 쉽게 증기기관을 예로 들어서 이야기하지만, 기술적 의미는 아마도 '인간이 마침내 인공동력을 손에 넣었다'는 이야기가 아닐까 싶습니다. 자연에서 얻어온 동력을 제한적으로 쓰는 경우야 있었습니다. 풍차나 물레방아 같은 것 말이지요. 하지만 이런 방식으로 얻을 수 있는 힘은 아주 적었고, 곡식을 빻는 등의 일을 겨우 할 수 있는 정도였습니다. 그마저 아니라면 소나 말 같은 동물의 힘을 빌려서 쓰기도 했지요. 인공동력에 없다는 말은 '기계장치'가 없었다는 이야기입니다. 1차산업혁명이 일어나기 전, 인간은 도구는 있었지만 기계는 없었지요. 그러니 우리 인간은 모든 일을 손으로 해야 했습니다. 증기기관이 생겨나자 세상은 크게 변했습니다. 공장에 증기기관을 설치하면 거기서 동력을 끌어올 수 있었어요. 방직기를 돌려 옷감을 짜는 등의 일을 쉽게 할 수 있게 됐습니다. 기차에 증기기관을 얹어 두면 저절로 앞으로 나아갔지요. 앉아만 있어도 먼 곳으로 여행을 갈 수 있게 됐습니다.

2차산업혁명은 뭔가요? 이건 '전기혁명'을 이야기합니다. 발전소를 생각하면 되겠지요. 세상에 전기가 생겨난 겁니다. 이건 정말로 놀라운 일이었지요. 오지 등으로 여행이나 캠핑을 가본 사람은 알 수 있을 것입니다. 전기가 있는 세상과 없는 세상이 얼마나 크게 차이가 나는지 말입니다. 전기가 없으면 할 수 있는 일이 거의 없습니다. 밤에 조명을 켤 수도 없고, TV를 볼 수도 없고, 스마트폰이나 컴퓨터를 사용할 수도 없습니다. 산업 측면에서 전기의 강점은 '생산이 쉬워졌다'는 것입니다. 과거에는 공장을 만들려면 우선 커다란 증기기관부터 설치해야 했습니다. 하지만 전기가 들어오고 나선 그럴 필요가 없어졌습니다. 우리 공장에 전기만 끌어오면 되니까요. 2차산업혁명을 '대량생산 혁명' 시대라고도 부르는 건 이 때문입니다.

3차산업혁명이 무엇인지 잘 알고 있죠? 컴퓨터와 인터넷이 등장하면서 일어난 변화를 말합니다. 이른바 '정보화 혁명'이라고 부릅니다. 산업계에선 이 기술을 이용해, 즉 '기호주의 방식' 기술을 통해 산업용 기계, 이른바 '공업용 로봇'을 만들어 사용하기도 했습니다. 아직은 3차산업혁명 당시의 기술이 세상에서 널리 쓰이고 있고, 앞으로도 계속해서 쓰일 것으로 보입니다. 하지만 우리들이 살아가야 할 미래는 지금까지와는 크게 달라지겠지요.

4차산업혁명의 특징은 역시 'AI'와 로봇이 등장한 것입니다. AI 자체만으로도 세상엔 정말로 큰 변화가 일어나겠지만, 그 과정에서 로봇과 융합되면서 세상은 정말 크게 바뀌어 갈 것입니다. 특히 산업분야에서 로봇이 할 일은 정말 무궁무진하다고 이야기할 수 있을 것 같습니다.

🤖 '이동형 로봇'은 산업을 어떻게 바꿀까

전 장에서 로봇의 구분법에 대해 이야기하면서, 가까운 미래에 가장 보편적으로 널리 쓰일 로봇 형태가 바로 '이동형 로봇'이라고 설명한 바 있습니다. 그리고 실제로 이동형 로봇은 산업현장에서도 대단히 쓸모가 있습니다.

공장 시스템을 자동화하려는 노력은 과거부터 있었고, 최근에는 발전한 통신기술을 바탕으로 공장 전체가 마치 하나의 AI 기계 장치처럼 움직입니다. 이는 대단한 변화이며, 앞으로도 이런 혁신은 지속되겠지요. 다만 산업체에 일을 하는 사람 중 피부로 느끼는 현장의 변화는 크게 두 가지일 텐데요, 첫째는 협동로봇이 도입되면서 사람이 일을 하는 공간에서도 작업형 로봇의 도움을 받을 수 있게 됐다는 점, 둘째는 '이동형 로봇'이 산업체 곳곳으로 들어와 업무 시스템 자체를 크게 변화시키고 있다는 점입니다.

앞서 로봇의 분류에 대해 이야기하면서, 이동형 로봇은 쓸모가 대단히 많고, 또 당장 빠르게 사회 곳곳을 변화시켜 나갈 능력이 충분한 형태라고 언급했는데요, 공장 역시 예외는 아닙니다. 그래서 '산업현장에서 쓰이는 이동형 로봇' 기술에 대해서 짚고 넘어갔으면 합니다.

공장이나 창고 등 산업현장에서 물건을 옮겨주는 이동형 로봇을 흔히 'GTP' 로봇이라고 합니다. '상품을 사람에게 전달한다 (Goods To Person)'는 말의 영문 약자입니다. 한국말로 그냥 '배송용 로봇'이라고 생각하면 될 듯합니다. 이런 배송기능이 산업과 합쳐지면 큰 변화를 이끌어내기 때문에 짚어볼 필요가 있습니다.

대표적인 GTP 로봇 활용사례로 꼽을 수 있는 것이 미국 쇼핑몰 업체 '아마존'이 사용하고 있는 오렌지색 로봇 '키바'입니다. 아마존은 세계 최대의 전자상거래 업체죠. 우리나라의 '쿠팡'과 비슷합니다. 창고를 마련해 그 안에 물건을 쌓아 두고, 직접 배송을 해줍니다. 이때 활약하는 것이 키바입니다.

우리나라 쿠팡에 로켓배송이 있는 것처럼, 미국 아마존엔 '아마존 프라임'이란 서비스가 있습니다. 주문을 하면 최단시간 안에 즉시 배송을 해주는 거죠. 그런데 미국은 사람도 많고, 주문량도 엄청나게 많으니 창고도 굉장히 큰 것을 만들어야 합니다. 창고 하나 크기가 축구장 60개 규모 정도 된다고 하니 실로 어마어마하죠. 이런 창고가 미국 내에 굉장히 많이 있다고 하니, 아마존이라는 회사가 얼마나 큰지 다시 한번 생각해 보게 됩니다. 아무튼 이런 창고 안에서 사람이 물건을 찾으러 다니다간 쉴 새 없이 밀려드는 주문을 전부 소화하는 것이 불가능할 것입니다. 로봇 키바는

아마존이 사용하는 창고용 GTP 시스템 로봇 키바. 물건이 들어있는 선반을 통째로 업고 오는 방식이다.

물품의 위치를 모두 기억하고 있고, 사람이 그 물건을 가지고 오라고 명령하면 창고에 가서, 물건만 하나 집어 오는 게 아니라 그 물건이 들어 있는 선반을 통째로 업어옵니다. 그럼 창고에서 일하는 아마존 직원은 그 선반에서 물건을 꺼내 바코드를 찍고 상자에 담아 내보내면 됩니다. 그럼 로봇은 다시 선반을 제자리로 가져다 놓지요. 외국 뉴스 등을 살펴보니 2020년 기준 아마존 창고에서 활약하는 키바 로봇은 20만 대에 달한다네요.

과거 미국에서 택배 주문을 하면 물건을 준비해 내보내는 데만 3일 정도가 걸렸습니다. 창고에서 물건을 골라오고, 그걸 포장하고, 다시 선적해 내보내는 일을 모두 사람이 해야 했으니까요. 그

스캘로그가 만든 GTP 시스템

출처: 스캘로그

런데 이 물건이 다시 택배를 따라 주문자의 집에 도착하려면 일주일이 넘는 경우가 허다했지요. 그런데 아마존의 프라임 서비스는 키바 로봇 덕분에 배송 준비에 걸리는 시간을 3일에서 4시간으로 줄여버렸습니다. 택배가 실제로 배송되는 시간까지는 어쩔 수 없습니다만, 이 덕분에 미국에서도 주문만 하면 2~3일, 정말 빠르면 하루 안에 물건이 배달되는 경우도 생겨나기 시작했습니다.

이 시스템은 이미 산업계의 대세로 자리 잡았습니다. 예를 들어 벨기에의 유통기업 '콜루이트'의 경우, 다양한 제품을 빠르게 분류하고 운송하기 위해 물류센터에 GTP 시스템을 마련하고 운영 중입니다. 입고된 상자를 로봇 팔이 컨베이어 벨드로 올리면 지정된 장소로 이동되고, 작업자가 주문량을 간단히 입력하면 출고작업이 자동으로 완료되죠. 안에 있는 물건이 충격에 약하다 여겨질 경우에 대비해 이동 시 충격흡수 기능까지 갖고 있습니다.

프랑스의 로봇 기업 스캘로그도 GTP 시스템이 도입된 로봇을 발표한 적이 있는데요, 물류창고에서도 온라인 주문이 접수되면 로봇이 바닥에 깔린 레일을 따라 움직이고 필요한 제품을 출하지로 옮기는 기능을 갖고 있습니다.

농업 역시 산업의 중요한 분야지요. 이 역시 예외는 아닙니다. 예를 들어 미국 회사 '팜와이즈'는 제초작업용 AI로봇 '타이탄'의 임대사업을 하고 있는데, 로봇이 밭을 오고 가며 카메라로 농작물을 살펴본 다음 호미처럼 생긴 도구를 뻗어 잡초만을 골라 뽑아냅니다. 이 로봇은 카메라, 센서, AI를 사용해 식물의 크기, 스트레스 수준, 특징들을 확인시켜주는 개별 식물 데이터를 수집할 수 있지요. 이 정보는 실제로 제초 작업을 할 때 다른 농작물은 뽑아내지 않도록 판단하는 재료가 됩니다.

미국 기업 '퓨처 에이커스'도 유명합니다. 이 회사가 만든 농사지원 로봇 '캐리'는 이름 그대로 사람 대신 수확한 농작물 등을 옮겨줍니다. 최대 500파운드(약 227킬로그램)의 작물을 싣고 자율적으로 운행하는데, 인공지능과 컴퓨터 화상해석기술을 이용해 나무나 사람 등 장애물을 피해 이동할 수 있습니다. 무언가 싣고 나르는 일이 농업에서 상당 부분을 차지하는 것을 생각하면 이런 형태의 로봇이 가지는 가치는 대단히 큰 것이지요.

최근 산업계에서 '디지털혁신(Digital Transmission)'이란 단어를 많이 쓰죠. 약자로 줄여서 DT라고도 쓰고, Transmission이란 영어 단어를 외국인들이 흔히 알파벳 X로 쓰는 경우가 많아서 DX라고 쓰는 경우도 많습니다. DX는 별다른 이야기가 아닙니다. AI와 로봇기술이 하나로 합쳐지며 산업의 혁신이 일어나는 경우를 이야기합니다. 예를 들어 공장에 산업용 로봇을 쓰는 것은 오래된 이야기지요. 이 경우엔 각종 센서 장비를 추가하고, AI를 도입하면 공장 시스템의 효율을 크게 높일 수 있습니다. 한발 더 나아가 새롭게 AI+로봇 장비를 개발해 도입하면 산업현장을 크게 바꿀 수 있습니다. 이동형 로봇의 산업 도입은 DX 구현에 가장 간편하면서도 효과적인 방법 중 하나라고 이야기할 수 있을 것 같습니다.

⊙ 지구촌 물류 혁명 가져올 '자율운항' 기술

조금 생각을 달리해봅시다. 이동형 로봇이라는 것은 결국 '자율운행' 기술을 접목한 로봇입니다. 바퀴가 달린 조그만 상자형 기계장치만 이동형 로봇으로 구분하는 건 아닙니다. 그리고 어디서든 활약이 가능합니다. 프로펠러를 굴려 땅을 굴러다니거나, 하늘을 날아다니거나, 아니면 배 형태로 만들어 바다나 강 위를 떠다녀도 됩니다. 모두 이동형 로봇입니다.

이동형 로봇의 활약범위는 실로 대단히 넓습니다. 집안에서 활약하는 이동형 로봇을 우리는 '로봇청소기'라고 부르는데요, 이 물건을 커다랗게 만들어 공항이나 대형 쇼핑몰 등을 청소하는 모습도 우리는 자주 본 적이 있습니다. 트랙터나 콤바인 등 농업용 기계장치에 자율운행 기술을 덧붙이면 농업 자동화가 가능합니다. 자동차에 자율운행 기술을 붙인 '로봇자동차'를 우리는 '자율주행 자동차'라고 부르지요. 이미 미국 샌프란시스코나 중국 일부 도시에선 운전기사가 없는 자율주행자동차가 택시로 운영되고 있습니다.

그런데 하늘을 날아다니는 취미형 드론을 커다랗게 만들면 어떻게 될까요? 사람이 탈 수 있게 되겠지요. 이런 것을 우리는 도심항공교통(UAM)이라고 합니다. UAM은 에어택시라는 별명으로도

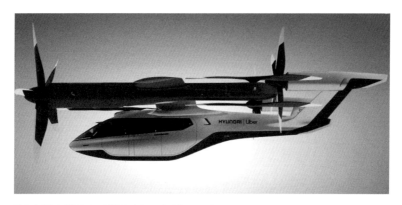

현대자동차가 개발 중인 도심항공교통(UAM) 기체 S-A1의 모습

출처: 현대자동차

불립니다만, 운영은 의외로 '광역버스' 체계와 비슷합니다. 소형이라지만 항공기다 보니 노선과 공항이 필요하기 때문이지요. 하나의 도시 생활권을 여러 개 구역으로 나눈 다음 구역마다 도심형 수직 이착륙공항(도심공항)을 건립해야 하는데요, 한국 수도권을 예로 들면, 여러 지역 주민이 이동하기 편하도록 여러 개 구역을 나누는 식입니다. 공항이라고 하니 거창하다고 생각될 수 있지만, 소형 항공기가 수직으로 이착륙하므로 작은 빌딩 정도의 규모면 충분하죠. 적합한 규모의 빌딩 옥상 등을 개조하는 형식으로도 만들 수 있습니다. 그리고 이렇게 되면 사용자들은 현재 자신의 위치에서 가까운 도심공항을 찾아가서, 원하는 노선의 UAM을 골라

탑승하면 원하는 다른 구역의 도심공항까지 단시간에 날아갈 수 있게 됩니다.

이제 바다로 눈을 돌려 봅시다. 이동형 로봇기술이 접목된 배를 우리는 '자율운항선박'이라고 합니다. 많은 사람들이 자율주행차나 드론 등은 미래 사회에 큰 변화를 몰고 올 거라고 예상하는데, 의외로 '선박'의 중요성은 미처 생각지 못하는 경우가 많습니다. 그러나 자율적으로 움직이는 선박, 이른바 '자율운항선박'은 자동차나 드론 등에 비해 빠르게 현실화가 가능하며, 그 실용성 역시 매우 높은 분야입니다.

자율운항선박은 크게 두 종류로 구분할 수 있는데요, 첫째는 사람이 탑승하지 않는 소규모 선박에 자율운항 기능을 얹은 '무인선박'입니다. 빠르게 바다 위를 누비고 다니며 조업감시, 어군탐지, 해양관측·조사, 오염방제, 해양청소, 해난구조 등 다양한 분야에 활용할 수 있습니다. 두 번째는 현재 운항 중인 대형 선박에 자율운항 기능을 얹어 사람이 조종하지 않아도 스스로 나아갈 수 있도록 만드는 것입니다.

현재도 고성능 선박은 정해진 항로를 따라 자동으로 나아가는 기능이 있습니다. 하지만 이것은 항공기의 '오토파일럿' 기능이나 자동차의 '크루즈' 기능과 비슷한 것으로 단순히 인간이 정해준 항로를 따라 나아갈 뿐입니다. 돌발 상황에 대응하지 못하며, 능동적으로 항로를 변경하는 것 역시 어렵지요. 자율운항선박은 이런 문제에서 자유롭습니다. 주변 선박의 정보, 파고의 높이, 태풍 등의 변수 등을 고려해 배가 나아갈 항로를 AI를 통해 스스로 결정하고 나아갑니다. 배가 일단 출항한 다음부터는 조타수가 할 일이 거의 사라지지요. 비상시를 고려해 항해사가 반드시 탑승해야겠지만, 대부분은 선박 운항은 사람의 손을 대지 않아도 자동으로 이뤄집니다.

특히 관심을 모으는 건 화물선입니다. 해상무역에 의존하고 있는 현대의 물류 시스템의 효율을 큰 폭으로 올라서게 만들 것으로 보이기 때문입니다. 화물선은 짐을 잘 포장해 실어주기만 하면 그 다음부턴 사람이 할 일이 아주 적습니다. 단지 선박을 유지하고 안전에 대비하는 것이 선원들이 탑승하는 목적인데, 자율운항선박을 이용하면 이런 문제가 사라지겠지요. 선박 운항에 사람이 완전히 필요 없어지면, 선원들은 수개월이 넘게 걸리는 지루한 항해를 견디지 않아도 됩니다.

기술적으로야 모든 과정을 자동으로 만들 수 있을 것 같습니다. 필요하다면 출항 및 입항과정을 돕는 '하역선'과 도킹하도록 만드는 방법도 있고, 배에 실려 있는 물건을 현지에 내려주고 오면 되므로 해상 자동 하역 시스템을 만들어 운영하는 방법도 있습니다. 정 불안하다면 '절충안'도 가능합니다. 출항 및 입항 과정 정도는 사람이 지켜보면서 유사시에 대비하고, 바다에선 선원이 없이 무인 선박 형태로 운영하는 것입니다. 출항 과정에선 선원이 직접 배를 조작하고, 복잡하지 않은 항구 밖으로 나가게 되면 선원들은 작은 배나 헬리콥터 등을 이용해 육지로 돌아옵니다. 외국 항구에 도착하면 그 반대로 하면 됩니다. 항구에서 조금 떨어진 바다에서 잠시 대기하고 있으면, 현지 선원이 배에 탑승해 안전하게 입항하면 되겠지요.

이런 시스템은 장점이 대단히 많습니다. 사람이 일으킬 수 있는 착각이나 실수를 방지해 안전성을 높일 수 있고, 인건비 절감 효과도 높아집니다. 원양 선원의 일자리를 침해한다는 의견이 있을 수 있는데, 대다수의 해운사가 선원 구인난에 시달리고 있는 현실을 감안하면 꼭 필요한 기술이라고 여겨집니다.

자율운항선박은 자동차나 드론에 비해 개발이 더 쉽다고 여기는 경우가 많은데, 일단 바다로 나아가면 주위에 장애물이 거의 없다고 여기기 때문입니다. 하지만 바다라는 특수한 상황에 맞게 새롭게 연구개발할 것들이 적지 않습니다. 예를 들어 자율주행자동차는 차선 인식기능, 신호등 감지기능 등이 꼭 필요하지만 자율운항선박은 필요가 없지요. 반면 파도에 대응해 암초나 조수간만의 차, 해류의 움직임에 맞춰 배를 조종하는 기술이 필요합니다. 태풍 등을 피해서 자동으로 항로를 결정할 수 있어야 합니다.

이미 새롭게 건조되는 선박은 자율운항 기술을 얹는 경우가 적지 않습니다. 다만 그 기술의 완성도가 문제인데, 지속적은 연구를 통해 개선해 나가면 좋겠지요. 우리나라를 포함해 각국 정부에서도 앞다퉈 연구 중인 주제입니다.

의외로 변화는 빠르게 찾아올 수 있을 것 같습니다. 선박은 한번 건조하면 수십 년 이상 사용하니 신형 선박이 도입되는 데 시간이 걸린다는 우려도 있는데요, 기존 선박을 개조하는 형태로도 자율운항선박으로 바꿀 수 있으니 큰 문제는 되지 않을 것 같습니다. 하지만 구동장치, 조타장치의 자동 시스템 연결, 센서 등을 설치할 위치를 계산하고 선박을 개조해야 하므로 이 역시 만만치 않은 작업은 아닐 것으로 여겨집니다.

자율운항선박의 실용화에 필요한 기술은 사실상 완성단계입니다. 향후 관건은 법과 제도의 정비겠지요. 여기에 대응하기 위해서 우리나라 해양수산부도 2024년 9월 한국형 자율운항선박 시스템을 장착한 컨테이너선 실증에 나섰다고 밝혔는데요, 사람이 지켜보는 가운데 1년간 실제로 자율운항 방식으로 선박은 운영해보고, 그 결과를 바탕으로 '국제해사기구(IMO)'와 자율운항선박의 국제표준 결정에 참여하겠다고 합니다.

🤖 협동로봇의 등장과 미래

이제 '이동형 로봇'이 아닌 '작업형 로봇'이 산업에 어떻게 쓰이는지를 짚어보면 좋겠습니다. 이 과정에서 '4차산업혁명' 이야기를 조금 짚고 넘어가겠습니다.

4차산업혁명은 독일에서 시작됐습니다. 제조업 분야 강국인 독일은 AI시대가 되면서 '인더스트리 4.0'이라는 개념을 내놓았습니다. 산업 강국으로서 자부심을 품고 있던 독일은 다른 제조국가들의 장점인 저렴한 인건비나 신속한 생산체제 등을 이길 수 있는 비결을 찾기 시작했는데, 그 해답을 정보통신기술(ICT)과 AI의 융합에서 찾으려 했던 겁니다. 그 결과 인더스트리 4.0이란 전략이 탄생했지요. 이 개념은 '4차산업혁명'이라는 시대적 흐름의 토대가 됐습니다. 즉 AI를 공장에 접목해 미래의 생산 시스템을 혁신해보려는 생각이었지요. 그 이후 많은 사람이 이 말을 바꾸어 '4차산업혁명'이란 단어를 쓰기 시작했고, 결국 AI 붐이 이어지면서 세상은 이제 변화해 나갈 방향을 확고히 정하게 된 것 같습니다.

4차산업혁명시대에 산업분야에서 빼놓을 수 없는 개념이 '로봇'입니다. AI와 결합돼 움직이는 기계장치는 명백하게 로봇일 수밖에 없으니까요. 물론 3차산업시대에도 로봇은 있고, 그런 로봇은 앞으로도 계속 쓰일 것입니다. 기호주의식 로봇의 장점이 뭔가요. 정확한 힘으로, 정확한 위치에서 정해진 일을 끊임없이 할 수 있는 것입니다. 이 방식을 이용하면 물건을 정말로 정교하고 깨끗하게 만들 수 있습니다. 새 스마트폰 제품을 받아 포장을 뜯을 때의 느낌이 기억나는지요? 이렇게 매끈하고 아름다운 기계를 하나하나 사람이 손으로 다듬어서 만들었을 리는 없습니다. 모두 이같은 정밀한 기계 가공 기술이 등장한 덕분이지요.

하지만 모든 일을 기계에 맡길 수는 없는 일입니다. 그래서 사람들은 공장 안에서 기계가 일하는 공간을 별도로 구분해 놓고, 더는 기계로 할 수 없는 일은 사람이 손으로 하기 시작했습니다. 즉 로봇이 일하는 구역과 사람이 일하는 공간이 나뉘어 있게 됐지요. 그리고 이제는 사람이 일하는 공간에서도 로봇의 도움을 받을 수 있게 됐습니다. 즉 미래의 공장은 로봇만이 자동화 공정을 통해 묵묵히 일하는 공간, 그리고 사람과 로봇이 함께 어우러져 일하는 두 구역으로 나뉘어져 일을 하게 되겠지요. 앞서 이야기한 것처럼, 이때 사용하는 로봇을 협동로봇이라고 부릅니다. AI 기능이 더해져 주변에 사람이 있는 것을 인지할 수 있고, 인간의 안전을 배려하며 함께 움직이는 로봇이지요.

협동로봇은 국제로봇연맹 기준으로 '산업용 로봇'으로 볼 수 있습니다. 어쨌든 공장에서 일을 하니까요. 만약 협동로봇을 만약 카페 등에서 커피를 서비스하는 용도로 사용하면, 분명히 똑같은 기계인데 그때는 '전문서비스 로봇'으로 보아야 합니다. 그러나 이 책의 분류로 보면 분명한 '작업형 로봇'입니다.

AI 기술이 지금처럼 보편적으로 쓰이기 전에는 산업용 로봇을 형태나 움직임에 따라 다시 여섯 종류로 나누는 경우가 많았습니다. 바로 △직교로봇(선형로봇) △원통형로봇 △구형로봇 △스카라로봇 △다관절로봇 △델타로봇입니다. 이 구분법은 이 책의 주제와는 맞지 않으므로, 그냥 이런 구분이 있다는 정도만 알아두면 될 듯합니다. 다만 협동로봇은 이 여섯 종류의 산업용 로봇 중에는 '다관절로봇'에 속합니다.

산업용 로봇을 이처럼 여섯 종류로 구분하는 방법은, 실제로 자동화 공정 안에서 일하는 로봇만 생각했기 때문입니다. 그런데 공장에는 정밀 부품을 이송하기 위해 움직이는 '이동형 로봇'도 있습니다. 예를 들어 컴퓨터 모니터나 TV 등에 쓰이는 '디스플레이

장치'를 만들 때는, LED(발광다이오드)패널 등을 안정적으로 공장 안에서 옮겨주는 전용 이동형 로봇도 존재합니다. 이는 생산활동에 쓰이는 것이므로 산업용 로봇이지만, 여섯 개 구분법만으로 생각하면 어떤 구분에도 들어가지 않습니다. 로봇을 알기 쉽게 형태로 구분하지 않고 사용 목적에 따라 구분해두면 이렇게 혼란을 겪는 일이 생기지요. 필자가 '로봇의 구분법'을 만들고 거기에 맞게 설명하는 이유입니다.

여담이 길어졌습니다만, 아무튼 협동로봇은 '작업형 로봇의 대표주자' 격인 로봇입니다. 실제로 일을 하는 것이 목적이지요. 형태는 다양한데요, 팔 하나만 작업대에 붙어있는 것 같은 형태도 있고, 드물게는 사람과 닮은 상반신을 가진 로봇에 두 개의 팔을 붙여 놓는 경우도 있습니다. 그리고 로봇을 고정해놓은 작업대 밑에 바퀴나 궤도를 달아 여기저기 움직일 수 있도록 만들면 '이동형 협동로봇', 작업용 테이블 등에 얹어놓고 고정해두면 '고정형 협동로봇'이라고 할 수 있습니다.

협동로봇은 다재다능합니다. 보통 사람이 손을 써서 하는 일을 상당 부분 흉내 낼 수 있도록 만듭니다. 이 장점은 대단히 큰 것입니다. 지금은 정밀한 집게 등을 자주 사용하는데, 점점 더 사람의 손과 비슷한 손가락 구조를 갖게 될 것입니다. 이런 로봇 손을 '덱스트러스(손재주)' 방식이라고 부르지요. 이렇게 되면 사람처럼 작은 물건을 집어 올리고 조작할 수 있도록 만들 수 있을 것으로 보입니다. 실험적이지만 샤프심 정도로 가늘고 쉽게 부서지는 물건을 들어 보이는 로봇도 연구 중입니다.

협동로봇은 작은 부품을 사람처럼 조립할 수 있고, AI 영상 해석기술을 이용해 여러 개의 부품 중 원하는 것만 골라내 분류할 수도 있습니다. 이 밖에도 초음파 센서, 힘 센서 등을 고루 장착하고 있어 많은 물건을 안정적으로 사용하지요.

물론 협동 로봇이 아직까지 정밀 작업 분야에서 사람을 대체하기 어렵습니다. 그러나 사람이 손가락으로 해야 하는 일을 보조할 수 있고, 일정 수준에선 로봇에서 자율적으로 작업을 맡길 수 있다는 점에서 기존 산업구조의 틀을 깨는 큰 혁신이라는 평가가 많습니다.

특히 이 로봇은 주위 환경을 알아보고 스스로 판단하여 일을 할 수 있습니다. 무엇보다 그게 가장 큰 장점입니다. 고성능의 협동로봇은 사람과 어깨가 부딪히면 자신의 어깨를 움츠려 사람이 받을 충격을 완화하는 기능까지 갖고 있습니다. 또 주변 상황을 인식하고 사람과 서로 정보를 주고받을 수 있습니다. AI의 지시를 받아 작업 순서에 따라 사람을 보조할 수도 있습니다. 최근에는 음성인식 기술을 이용하는 경우도 볼 수 있습니다. 사람이 말로 명령을 내리면 알아듣고 작업을 수행하는 로봇이 이미 공장에 들어와 있는 것입니다. AI를 이용해 한 번 배우고 익힌 일은 다른 로봇도 그 자리에서 할 수 있게 되니, 일순간에 숙련공 여러 명을 고용한 효과도 얻을 수 있게 되겠지요.

협동로봇이 처음 등장한 것은 2000년대 중반 이후입니다. 이 분야의 대표기업인 '유니버셜 로봇(Universal Robot)'이 UR3라는 로봇을 출시하면서 관련시장을 개척한 것이 계기가 됐습니다. 이 회사는 현재까지 세계 1위 자리를 굳건히 지키고 있지요. 관련 시장이 전망이 클 것으로 본 기업체들도 잇따라 협동로봇 개발에 뛰어들고 있습니다. ABB, 쿠카, 화낙, 야스카와 등 로봇 기업들이 너도나도 협동로봇 개발과 보급에 앞장서고 있습니다.

국내 기업 중 대표적인 곳으로는 두산로보틱스가 꼽힙니다. 이 회사는 협동로봇이 미래 성장동력이 될 것으로 보고 다양한 종류의 로봇을 생산 중입니다. 로봇기업 '레인보우로보틱스'도 주목할 만합니다. 한국과학기술원(KAIST)에서 휴머노이드 로봇 '휴보(HUBO)'를 개발했던 연구진이 설립한 회사입니다. 필자가 KAIST 취재를 다니며 휴보 연구진이 10여 년 전부터 협동로봇 기술의 토대가 될 로봇 팔을 만들고 있는 것을 본 기억이 있습니다. 그때부터 갈고 닦은 기술이 이제야 빛을 발하고 있는 걸 보니 감회가 새롭긴 합니다.

산업 분야 혁신을 '협동로봇'이라는 단어 하나로 설명하려는 것은 아닙니다. 협동로봇은 AI와 로봇이 합쳐지며 변화하는 로봇기술의 한 흐름이지요. AI의 등장, 고도화된 센서기술, 빨라진 컴퓨터 연산능력, 정밀한 로봇기술 등이 등장하며 생겨난 기술의 흐름이 생겨나기 마련이고, 협동로봇은 그 단면 중 하나입니다. 협동로봇 이외에도 다양한 AI와 로봇기술이 합쳐지며 산업계에는 많은 변화가 일어날 것입니다. 그러나 협동로봇이 가져오는 변화는 이런 변화를 단적으로 보여주고 있기 때문에 꼭 알아두었으면 좋겠습니다. 적어도 공장산업 시스템 속에서는 미래형 협동로봇의 가치가 앞으로 점점 더 크게 다가올 것은 자명한 일이니까요.

로봇,
사회를 혁신하다

　앞 장에서 로봇이 산업과 물류에 미치는 영향에 대해 알아봤으니, 이제 실제 우리 삶을 어떻게 바꾸는지를 생각해 보면 어떨까 싶습니다. 산업의 변화는 물론 중요한 것입니다만, 현실적으로 우리가 중요하게 생각하는 건 '그래서 우리 생활이 앞으로 얼마나 편리해지는 거냐'는 이야기일 테지요.

　이 과정에서도 빼놓을 수 없는 것이 앞서 이야기했던 '이동형 로봇'입니다. 이동형 로봇은 현재 우리 인류가 가진 과학기술 수준에서 가장 빠르게 실용화가 가능한 형태이며, 그만큼 쓸모도 확실합니다. 작업형 로봇, 보행 및 보조형 로봇도 급속도로 발전하고 있는 AI 덕분에 그 쓸모가 점점 높아지고 있습니다. 그러나 로

붓을 이용해 새로운 사업을 시작하려고 하는 사람이라면, 그 로봇이 '안전하고 정확하게' 움직이는 것은 대단히 중요합니다. 이 과정에서 로봇개발자들이 '이동형 로봇' 형태를 우선하는 건 어찌 보면 당연한 일일지도 모릅니다.

실제로 우리 주변에서 볼 수 있는 로봇은 대부분 이런 형태이며, 앞으로도 당분간도 이런 로봇이 더 많이 등장할 것입니다. 신문기사 등에서 '지능형 서비스 로봇'이라는 단어를 쓰는 경우를 자주 볼 수 있는데, 그 형태를 살펴보면 대부분 작은 이동형 로봇인 경우가 대부분이입니다. 무엇보다 우리 사회에 친밀한 형태, 그것이 바로 이동형 로봇인 셈이지요. 사회에 친숙하다는 말은 무슨 뜻일까요. 우리의 살아가는 모습을 가장 먼저 바꿔줄 로봇, 즉 사회 혁신을 가지고 올 가장 기본적인 형태의 로봇이라는 이야기가 됩니다. 물론 이동형 로봇도 제대로 개발하려면 쉽지 않습니다. 많은 연구를 통해 아직 극복해야 할 것들이 적지 않지요.

낮은 수준의 이동형 로봇은 이미 실용화된 것들이 적지 않습니다. 우선 거의 20년 전부터 가정에서 흔히 쓰고 있는 '로봇청소기'가 대표적입니다. 이 로봇은 그저 진공 흡입장치를 켜두고 집안을 돌아다닐 뿐입니다. 명백하게 이동형 로봇이지요. 다른 이동형 로봇에 비해 로봇청소기가 먼저 실용화된 까닭은 꼭 한 가지뿐인데,

'사고가 나도 큰 문제가 없기 때문'입니다. 로봇청소기가 내는 사고는 기껏해야 문틈에 끼어 윙윙거리는 정도로, 나중에 사람이 꺼내주면 그뿐입니다. 공항 등에서 볼 수 있는, 배에 태블릿 PC를 붙여 두고 이리저리 돌아다니는 안내용 로봇 역시 마찬가지입니다. 정밀한 이동을 할 필요는 없고, 앞에 사람이나 장애물을 피해 조금씩 움직이는 정도면 되지요. 또 공항이나 터미널, 회사의 로비 등 제한된 공간 안에서만 움직이니 길을 가르쳐주기도 쉽습니다.

하지만 활용성을 이보다 더 높이면 사고 위험도 높아집니다. 예를 들어 이동형 로봇의 한 종류로 볼 수 있는 '자율주행자동차'의 경우, 작은 사고가 인명 피해로 이어질 수 있으므로 안전성 문제를 극도로 주의할 수밖에 없게 되지요. 로봇개발자들은 지금까지 오랜 기간 이 문제와 싸워 왔습니다. 성능을 높이려면 안전성이 문제가 되고, 그렇다고 성능을 포기하고 안전성을 우선하면 쓸모없는 물건이 되어버릴 우려가 큽니다. 그 균형을 맞추기 위해 수없이 많은 시행착오를 거쳐왔지요.

하지만 이제 로봇은 AI라는 무기를 갖게 됐습니다. 과거에 비해서 압도적으로 뛰어난 판단력을 부여할 수 있게 됐지요. 일례로 최신형 로봇청소기는 과거와 달리 전깃줄을 씹어 먹거나 문틈에 끼는 일이 거의 없습니다. AI가 탑재되면서 로봇의 가치, 그리고 실용성이 크게 올라간 것입니다. 이런 기술이 다른 이동형 로봇에 도입된다면, 그간 실용화되지 못하고 있었던 다양한 로봇이 우리 사회에 들어오게 되겠지요.

😀 모든 곳에 '로봇'이 들어온다

앞으로 우리 사회에 들어올 이동형 로봇 중 우선 짚어보고 싶은 것이 '배송' 로봇입니다. 사실 배송은 '이동형 로봇'이 할 수 있는 가장 기본적인 일입니다. 앞 장에서도 이동형 로봇의 산업적 적용에 대해 이야기하면서, 그 핵심은 GTP, 즉 '배송' 기능이라고 이야기했지요, 사회에서 쓰일 때도 기본 원리는 같습니다. 특히 지상에서 움직이는 바퀴형 '배송로봇'의 활약은 앞으로 무궁무진할 거라고 기대됩니다. 이런 배송로봇은 다시 두 종류로 나뉩니다. 실내배송로봇과 실외배송로봇이죠.

우선 '실내배송로봇'부터 살펴보겠습니다. 이 로봇은 큰 빌딩 안에서 다른 사람에게 물건을 전달할 목적으로 사용합니다. 예를 들어 고층빌딩 30층에 일하고 있는 사람이 있는데, 1층 편의점까지 작은 물건 하나를 사러 내려갔다 오기가 너무나 번거롭겠지요. 그럴 경우 이런 실내배송로봇을 이용하면 내 책상 앞까지 배달을 받을 수 있습니다. 병원에서 다른 병동으로 약품 배달을 할 때 사용하기도 하고, 큰 회사에서 직원들의 우편물이나 택배 배송용으로 쓰기도 합니다. 아직 본격적으로 도입된 곳은 많지 않습니다만, 앞으로 기술이 더 좋아지고 생산량도 많아질 테니 도입하는 것도 점점 더 많아질 것 같습니다. 실내배송로봇이 먼저 등장한 건 어찌 보면 당연했습니다. 실내는 실외보다 복잡하지 않고, 로봇이 움직이는 내부 동선을 정해주기도 훨씬 수월하겠지요.

국내에선 LG전자에서 만든 '클로이 서브봇'이 유명합니다. 대형건물 내에서 우편물, 편의점 물품, 병원의 의약품 등을 배송해 줍니다. 전용 통신 기능을 이용해 엘리베이터로 자유롭게 이용할 수 있어 건물 내 어디든 갈 수 있지요. 다만 이렇게 하려면 건물 시스템을 조금 개조해 엘리베이터와 로봇이 통신할 수 있는 환경을 만들어줘야겠지요. 비슷한 로봇으로 국내 로봇 플랫폼 기업 '로보티즈'에서 개발 중인 '집개미'도 있습니다. 클로이 서브봇과 비슷한 형태의 로봇으로, 로봇 팔을 붙여 놔서 직접 엘리베이터 버튼을 작동하는 것은 물론 객실 문도 두드릴 수 있는 것이 특징이죠.

사실 요즘 식당에서 자주 볼 수 있는 '서빙용 로봇'도 기술적으로는 실내배송로봇의 일종으로 볼 수 있을 것 같습니다. 이 로봇은 주방에서 음식을 선반에 올려주면, 주문받은 테이블로 알아서 찾아갑니다. 중간에 장애물이 있거나 사람이 지나가면 잠시 멈추거나 옆길로 돌아가기도 하지요. 그리고 음식을 주문한 손님이 앉아 있는 테이블 앞에 로봇이 도착하면 고객이 직접 자기 손으로 음식을 들어 올려 테이블에 올리는 식입니다. 이것도 간단한 이동 기능일 뿐이지만 쓸모가 많으니 요즘 자주 쓰이지요.

실외배송로봇은 세계 각국에서 앞다퉈 도입을 시도하고 있습니다. 작은 자동차 같은 배송로봇이 집 앞까지 찾아오는 형태입니다. 다만 아파트 등의 공동 주택이라면 1층까지 내려가야겠지요. 음식 등을 스마트폰으로 주문하면 차량 잠금장치를 해제할 수 있는 고유번호를 받을 수 있는데, 차량이 주소지에 도착하면 고객이 문 앞에서 잠금을 해제하고 꺼내오는 방식입니다.

미국의 경우엔 도미노피자가 작은 승용차 크기의 자율주행로봇 '뉴로 R2'를 이용해 2021년 4월부터 실제로 배달서비스를 시작했지요. 피자를 주문하고 기다리면 작은 박스형 자동차처럼 생긴 자율주행로봇이 집 앞으로 찾아옵니다. 로봇이 집 앞에 도착하면 고객이 스스로 현관 앞으로 나가, 잠금을 해제하고 피자를 꺼내오는 방식입니다. 한국과 달리 해외에선 배송품을 문 앞에 두고 가지 않고, 사람을 만나 건네주기 때문에 편의성 면에서 큰 차이가 없다는 평가가 많지요. 맥도날드도 자율주행차 선두 기업인 우버와 함께 음식 배달용 시스템을 연구 중이며, 피자헛도 최근 택배업체 '페덱스'와 공동으로 차량형 배달 로봇을 개발해 운행을 준비 중입니다.

요즘 '배달비가 너무 비싸다'고 원성이 크지요. 그렇다고 배달을 해주는 분들에게 수고비를 주지 않을 수도 없습니다. 이 차이를 줄이기 위해 국내에서도 이런 실외로봇을 적극적으로 도입하려고 하고 있습니다. 배달 전문기업 '우아한형제들' 등이 이런 형태의 실외배송로봇을 개발 중이며, 일부 지역에서는 시범서비스도 하고 있습니다.

이런 서비스가 '음식 배달'에 그친다고 생각해선 곤란합니다. 거의 모든 형태의 배송업무에 사용될 수 있기 때문에 우리 생활을 대단히 크게 바꿔 놓을 수 있습니다. 예를 들어 호텔에서 뭔가 서비스를 요구하는 건, 대부분의 경우 객실까지 어떤 물건(타월, 화장지, 비누나 칫솔과 치약 등)을 가져다주는 것입니다. 실내배송로봇을 도입한 호텔은 컨시어지 서비스 시스템 자체가 바뀌게 되지요. 요즘은 이런 이동형 로봇 형태의 '주차로봇'도 주목받습니다. 주차는 운전에 익숙하지 않은 사람에게 대단히 부담스러운 일이지요. 그리고 약속시간이 바쁜데 주차할 곳을 찾아 주차장 내부를 빙빙 도는 일도 비일비재합니다. 그런데 주차로봇이 실용화되면 이런 일이 없어집니다. 사람이 주차장에 차를 넣은 다음, 사람이 그대로 하차해버리면 됩니다. 그럼 차량이 얹어져 있는 '주차 판'이 자기 스스로 움직여 빈 주차 위치에 자동으로 들어갑니다. 차를 꺼낼 때는 계기판에 차 번호만 입력하면 로봇이 자동으로 출차 위치까지 내 자동차를 가져다주지요.

🤖 드론이 바꾸는 미래 사회

드론이라는 말은 넓은 의미에서 '모든 이동형 로봇'을 의미합니다. 하지만 국내에서 드론은 역시 '소형 무인 항공기'를 이야기하는 경우가 많습니다. 헬리콥터 형태로 제자리에서 이륙하는 '회전익' 형태, 작은 비행기처럼 생겨 빠른 속도로 하늘을 나는 '고정익' 형태로 구분하지요.

드론이 쓸모 있는 건 당연히 '하늘을 자유롭게 날아서 이동할 수 있다'는 한 가지 이유 때문입니다. 다른 자율이동 로봇과 달리 드론은 항공분야에서 활약하죠. 사람은 지상에서 살아가죠. 비행기를 타거나, 높은 건물에 거주하는 등의 방법으로 제한적으로 3차원 공간도 이용하고 있기는 하지만 생활방식은 어디까지나 평면, 즉 2차원이 기본입니다. 하지만 드론을 사용하면 인간은 자신의 주변 공간을 입체적으로 활용할 수 있게 됩니다.

이 한 가지 이유 때문에 '드론'은 인기가 대단합니다. 드론을 하늘에 띄우고 조종하며 즐거움을 찾는 레저활동부터 시작해 항공촬영, 관측 및 측량, 군사, 과학기술분야 등 다양한 분야에서 빠르게 적용되고 있습니다. 4차산업혁명을 피부로 실감할 수 있는, 가장 빠르게 실용화되어가고 있는 기술이기도 합니다.

드론 활용의 첫 사례는 역시 '배송'입니다. '배송을 하늘을 날아 물건을 전달할 수 있다'는 장점은 대단한 것입니다. 도로가 막히지 않으며, 하늘엔 장애물도 거의 없지요. 한국에서는 아파트나 빌라 등 다세대 주택이 대부분이라 드론 배송 서비스를 구현하기 어렵습니다만, 해외의 경우에는 마을 전체가 단독주택인 경우가 적지 않게 있습니다. 그리고 이런 곳일수록 가구당 거리가 멀어 사람이 배송을 하려면 힘이 듭니다. 하지만 드론이 우리 집 앞뜰에 물건을 내려놓고 간다면 그것을 가지고 들어오기만 하면 되니 대단히 편리한 일입니다. 국내에서도 드물게 드론으로 물품 배송을 하는 경우가 있는데, 산속에 있는 펜션이라든가, 혹은 도서

지역 마을에 의약품 등을 배달할 때 실제로 쓰이고 있습니다.

이런 '드론 배송 시스템'은 이미 미국 등에서는 실용화 단계입니다. 최근엔 아마존이나 도미노피자 등 유명 업체들이 연이어 드론이나 무인자율 주행차를 이용한 배송 서비스를 이미 시행했거나, 혹은 준비 중입니다.

중대형 드론이 자동으로 뜨고 내릴 수 있는 '드론 공항'을 만들면 외딴 섬으로 생필품 등을 배송할 때도 쓸 수 있습니다. 국내에서도 이 서비스를 실제로 추진 중으로, 외딴 섬이나 산속 깊이 사는 지역 주민들에게 드론으로 물품을 보내주는 서비스입니다. 의약품 등을 빠르게 배송하는 데 큰 도움이 될 것으로 보입니다.

드론은 물건이나 식품을 배송하는 데 그치지 않고 이제는 '사람'을 실어다 나르는 단계에 도달했습니다. 이른바 에어택시라 불리는 도심항공교통(UAM) 이야기입니다. 전기모터를 이용해 만든, 많아도 7~8명까지만 탑승하는 소형 항공기죠. 엔진 대신 모터를 넣고 연료탱크 대신 배터리를 넣는 식이므로, 흔히 볼 수 있는 드론을 사람이 탑승할 수 있을 정도로 크게 만든다고 생각해도 틀리지 않습니다. 이렇게 하면 배터리 자체의 효율이 문제가 되는데, 최근 급속도로 발전한 배터리 관련 기술이 실용화 열쇠가 됐습니다. 장거리 전기 비행기는 기술적으로 아직 무리지만, 단거리 정도는 무리 없이 비행이 가능하죠.

　UAM이 화제를 모으기 시작한 건 2020년 1월입니다. 당시 미국 라스베이거스에서 열린 소비자가전전시회(CES)에서 현대자동차가 미국 자동차 공유 서비스 우버와 공동으로 UAM 사업을 시작하겠다고 발표해 화제가 됐죠. 현대차가 UAM 본체를 개발하고, 사업 인프라는 우버가 공급하는 합자 형태 사업입니다. 현대차는 이 사업을 위해 미국항공우주국(NASA) 항공연구총괄본부장을 지낸 신재원 박사를 UAM 사업부장 겸 사장으로 초빙해 팀을 꾸릴 정도로 정성을 쏟고 있습니다. 필자도 당시 CES 현장에서 실물 크기의 콘셉트 항공기 'S-A1'을 본 적이 있는데요, 큰 버스 한 대 정의 크기로 육중한 감은 있지만 해외여행을 갈 때 흔히 타는 항공기와는 큰 차이가 있었습니다.

　이후 여러 회사가 UAM 사업에 뛰어들었기 때문에 2020년 CES를 UAM 상용화 시작의 기점으로 보는 시각이 적지 않습니다. 업체마다 형식이나 모양은 다르지만 수직 이착륙이 가능하고, 헬리콥터보다 안전성이 우수하며, 소음도 적은 형태로 개발되고 있습니다. 에어택시라고도 불리지만 운영은 의외로 '광역버스' 체계와 비슷할 것 같습니다. 하나의 도시 생활권을 여러 개 구역으로 나눈 다음, 구역마다 도심형 수직 이착륙공항(도심공항)을 건립하면 됩니다. 공항이라고 하니 거창하다고 생각될 수 있지만, 소형 항공기가 수직으로 이착륙하므로 작은 빌딩 정도의 규모면 충분하지요. 적합한 규모의 빌딩 옥상 등을 개조하는 정도면 충분합니다. 이렇게 되면 사용자들은 현재 자신의 위치에서 가까운 도심 공항을 찾아가 원하는 노선의 UAM을 골라 탑승하면 원하는 다른 구역의 도심공항까지 단시간에 날아갈 수 있게 됩니다.

UAM은 이미 기술적으로 실용화 단계입니다. 문제는 법적인 제도 등을 가다듬는 데 시간이 필요하다는 점 때문에 상용화에 시간이 걸리고 있습니다. 하늘을 나는 커다란 쇳덩이가 만약 떨어진

하늘에서 사진을 찍는 '항공촬영'은 과거부터 있었지만 최근엔 드론을 이용해 촬영하는 경우가 대부분이다.
출처: 국토교통부

다면 큰 사고로 이어질 있으니 안전에 최대한 보수적으로 접근할 필요가 있어 보입니다. 시스템이 완전히 자리 잡으려면 십수 년 이상이 필요할 것으로 보입니다만, 여러 기업이 UAM 도입에 적극적이므로 시기가 문제일 뿐 조만간 현실화하는 것은 기정사실로 여겨집니다.

그 이외에는 드론으로 할 수 있는 일이 없을까요. 드론은 작은 추가기능 한두 가지만 달면 대단히 여러 분야에서 쓸 수 있습니다. 영상촬영 장비를 붙일 수 있습니다. 그래서 드론이 흔하게 쓰이는 분야가 바로 항공촬영이지요. 과거에는 헬리콥터 등을 동원해야만 겨우 촬영할 수 있었던 영상을 지금은 누구나 손쉽게 촬영할 수 있게 됐습니다. 최근 TV나 영화에서 볼 수 있는 항공 영상은 거의 대부분 드론을 이용한 것입니다.

'영상을 찍을 수 있다'는 말은 군대나 경찰, 소방서, 해안경비대 등에서 정찰용으로 사용할 수 있다는 이야기입니다. 산불 및 해안 감시, 사고현장 확인 등 다양한 분야에서 쓰입니다. 2011년 3월 동일본 대지진으로 발생했던 '후쿠시마 원전사고'가 발생하자 도쿄전력은 사고 현장에 미국 '허니웰'사가 개발한 T호크(T-Hawk)라는 원격조종 드론을 여섯 차례나 투입하기도 했습니다. 이 드론은 하늘에서 원전의 현재 상황을 알아내고 복구하는 데 큰 도움이 됐지요.

드론 밑에 총이나 미사일 발사장치, 폭탄 등을 붙이면 훌륭한 전쟁용 무기로 쓸 수 있습니다. 사람이 타지 않으니 목숨의 위험 없이 안전하게 적진을 정찰할 수 있고, 먼 거리에서 미사일을 날리면 공격도 가능합니다. 폭탄을 붙인 드론이 그대로 날아드는 '자폭전술'은 실제로 러시아-우크라이나 전쟁 중에 자주 쓰이는 기술입니다. 앞으로는 AI 기술의 발달로 공중전을 벌일 수 있는 무인 전투기의 등장도 기대되고 있지요.

이제는 드론에 각종 계측 장비를 달아 특수 목적에 활용하는 경우도 많아지고 있습니다. 공간정보 데이터 획득이 가능한 고정밀 카메라를 장착해 지적(토지기록)관리용 데이터를 만들 수 있고, 인공위성 신호와 카메라 계측을 이용해 복잡한 측량을 손쉽게 처리할 수 있습니다. 미세먼지 측정과 기상 관측이 가능한 상용 드론도 존재하지요. 한국건설기술연구원은 드론을 이용해 건축물의 안전검사를 시행하는 기술을 개발한 바 있습니다. 교량이나 빌딩까지 날아간 특수 드론을 벽면에 부착한 다음, 내장된 진동 센서를 이용해 복잡한 안전검사를 대체할 수 있게 만든 겁니다.

물론 아직은 연구해야 할 것이 많이 남아 있습니다. 우선 복잡한 도심 내부에서 드론으로 물품을 배송하려면 아직 할 일이 많습

날개가 고정돼 비행기처럼 날아가는 무인기를 '고정익 드론'이라고 한다. 사진은 미국항공우주국(NASA)에서 고정익 드론으로 실험하는 모습

출처: NASA

헬리콥터처럼 프로펠러를 돌려 하늘을 나는 드론을 '회전익' 형태라고 한다. DJI사에서 개발한 회전익 드론 Phantom4 Pro의 모습

출처: DJI

니다. 전선과 복잡한 간판 사이를 헤집고 하늘을 날아다니려면 가느다란 전선, 건물의 입간판, 전신주 등의 위치까지 포함한 완전한 입체지도를 만들 필요가 있습니다. 또 AI가 정확히 판단해 이 사이사이를 교묘하게 날아다녀야 하죠. 이런 일이 쉬울 리 없습니다.

두 번째 문제는 항공기가 가진 구조적 약점을 해결하는 것입니다. 마치 비행기처럼 생긴 '고정익' 드론은 장시간 비행이 가능하고 속도도 빠릅니다. 하지만 뜨고 내리려면 활주로가 필요하고 자유롭게 방향을 바꾸기도 어렵지요. 프로펠러가 붙어 있는 '회전익' 드론은 이와 반대입니다. 수직으로 뜨고 내릴 수 있고 방향전환도 자유자재로 할 수 있는 반면, 연료 소모가 커 장시간 비행이 어렵고 속도도 느리지요.

이 문제를 해결하기 위해 최신형 드론 연구의 추세는 '변신 기능'입니다. 헬리콥터처럼 이륙하지만, 날개도 달려 있습니다. 공중에 뜬 다음엔 추진기의 방향을 뒤로 돌려 빠른 속도로 날아가죠. 중대형 드론의 경우 프로펠러의 방향을 꺾는 '틸트' 기능을 이용하는 경우가 많으며, 소형 드론에서는 앞은 물론 머리 위에도 작은 프로펠러를 여러 대 달고 있는 경우도 있습니다.

사실 최초의 변신형 드론은 국내에서 개발됐습니다. 2011년 한국항공우주연구원이 개발한 '스마트무인기'가 첫 변신형 드론으로 꼽히지요. 이후 다양한 변신형 드론이 개발되기 시작해 오늘에 이르고 있습니다. 앞으로 이런 기술을 적용하면 먼 거리까지 빠르게 날아가 문 앞까지 물건을 가져다줄 수 있는 배송로봇, 비행장이 필요 없는 중대형 운송용 드론 등의 실용화도 가능할 것으로 보입니다.

드론이 실생활에 완전히 녹아들기 위해서는 현재까지 개발된 기술수준에 맞는 제도적 보완이 반드시 필요합니다. 예를 들어 대부분의 국가에서 드론의 도심지역 비행은 법으로 금지돼 있는데, 안전사고가 일어날 수 있고, 테러 목적으로 악용될 수 있습니다. 여객기와 충돌해 항공사고를 일으킬 수도 있어 공항 근처에서도 드론을 띄울 수 없지요. 기술의 개발에 발맞춰 이런 제약을 안전하게 해소할 방법을 연구해야 합니다.

⚙️ '완전 자율주행차'가 바꾸는 미래

이동형 로봇 중 가장 실용화가 절실한(?) 것 하나를 꼽으라면 많은 사람들이 '자율주행차'를 선택할 것 같습니다. 자율주행차는 운전자의 개입 없이 주변 환경을 인식하고 주행 상황을 판단해 차량을 제어함으로써 스스로 주어진 목적지까지 주행하는 자동차를 말합니다. 즉 기술적으로 분명히 로봇으로 구분할 수 있습니다. 다만 처음부터 로봇으로 개발된 형태가 아니라 '자동차'라는 기존 형태에 로봇기술을 더한 것이므로, '로봇자동차'라는 말보다는 '자율주행자동차'란 말을 쓰는 것 같습니다. 자율주행자동차를 부르는 영어 명칭도 두 가지인데요, 보통은 'Autonomous Vehicle'이라고 적습니다. 말 그대로 '자율주행자동차'란 뜻이지요. 그런데 미국 자동차공학회에서는 'Automated Vehicle'라고 합니다. '자동주행자동차' 정도로 바꿀 수 있을 것 같습니다. Autonomous는 자동차의 자율성에 초점을 맞춘 단어인 반면, Automated는 기계적인 운전자동화를 말합니다. 자동차가 현대 생활에 미치는 영향을 생각해보면, 자동차 기술의 혁신은 인류의 생활양식 자체를 바꿀 만한 충분한 힘이 있습니다.

사실 자율주행자동차는 이미 실용화 단계입니다. 자율주행차의 성능은 단계를 나눠 진행되는데, 총 6단계(0단계, 1단계, 2단계, 3단계, 4단계, 5단계)로 구분하죠. 0단계는 아무런 자율주행 기능이 없는 일반 자동차이며, 5단계는 모든 상황에서 자동차가 사람 대신 운전을 해줍니다. 그리고 요즘 신형 자동차를 사면 아주 값싼 모델이 아니라면 보통 2~3단계 정도의 자율주행 기능이 기본적으로 탑재되어 있습니다. 점점 기술이 좋아지면 앞으로 4단계, 5단계 기술이 적용된 자동차의 판매를 시작할 날도 그리 얼마 남지 않아 보입니다. 사실 이미 미국 및 중국 일부 지역에서는 자율주행 택시 서비스를 시행하고 있는 회사도 있습니다. 미국의 웨이모(구글 자회사), 테슬라 등은 대단히 뛰어난 기술을 갖고 있습니다.

미국 자동차기술 학회(SAE)의 자율주행기술 발전 6단계

자동화단계	특징	내용
사람이 주행환경을 모니터링함		
Level 0	비자동(No Automation)	운전자가 전적으로 모든 조작을 제어하고, 모든 동적 주행을 조장하는 단계
Level 1	운전자 지원 (Driver Assistance)	자동차가 조향 지원 시스템 또는 가속/감속 지원 시스템에 의해 실행되지만 사람이 자동차의 동적 주행에 대한 모든 기능을 수행하는 단계
Level 2	부분 자동화 (Partial Automation)	자동차가 조향 지원 시스템 또는 가속/감속 지원 시스템에 의해 실행되지만 주행환경의 모니터링은 사람이 하며 안전 운전 책임도 운전자가 부담
자율주행 시스템이 주행환경을 모니터링함		
Level 3	조건부 자동화 (Conditional Automation)	시스템이 운전 조작의 모든 측면을 제어하지만, 시스템이 운전자의 개입을 요청하면 운전자가 적절하게 자동차를 제어해야 하며, 그에 따른 책임도 운전자가 보유
Level 4	고도 자동화 (High Automation)	주행에 대한 핵심제어, 주행환경 모니터링 및 비상시의 대처 등을 모두 시스템이 수행하지만 시스템이 전적으로 항상 제어하는 것은 아님
Level 5	완전 자동화(Full Automation)	모든 도로조건과 환경에서 시스템이 항상 주행 담당

※ 자료: 자율주행기술동향-기술수준 구분, 한국교통연구원

유독 자동차만 이처럼 복잡한 과정을 거쳐 개발하는 이유는 다름 아닌 '안전성' 때문입니다. 사람이 타고 빠르게 이동해야 하니 다른 이동형 로봇과 비교해 매우 높은 안전성을 요구받지요.

이 사실을 바꿔 이야기하면, 자율주행차 기술이 최종적으로 완성된다면, 인간이 운전하는 것보다 훨씬 더 안전하다는 뜻도 됩니다. 지금까지 인간이 운전을 하기 때문에 부주의, 실수 등으로 생기는 사고가 크게 줄어들 테니까요. 그렇게 되면 교통사고가 큰 폭으로 줄어들 것입니다. 국내 최다 추돌사고(뒤차가 앞차를 들이받는 사고)는 2015년 2월 인천 영종대교 105중 추돌 사고일 텐데요, 만약 자율주행차 기술이 완성돼 있다면 있을 수 없는 사고입니다. 안개가 아무리 짙게 끼어도 차량 앞에 장착하는 전파센서(레이더)는 정상 작동하니까요.

미래 자동차의 특징 중 하나로 '연결형 자율주행자동차(CAV)'로 발전해나갈 거라는 점입니다. 자동차와 도로 주위의 각종 센서, 주변에 있는 다른 자동차 등이 서로 무선신호를 주고받도록 만드는 기술이지요. 이 시스템이 완전히 도입된다면 도로에서 '교통체증'이라는 말은 사라질 공산이 큽니다. 교차로에 신호등이 없기 때문입니다.

얼핏 보기엔 모든 차량이 교차로를 그대로 가로질러 가고 있어

위험천만하게 보이지만, 실상은 모든 차량이 무선신호를 주고받으며 교차로를 통과할 순서를 결정하는 방식입니다. 자율주행차는 교차로에서 순서를 기다리기 위해 멈춰 설 필요가 없이, 조금씩만 속도를 조정해 그대로 주행하면서도 충돌을 피하게 됩니다. 이 시기가 되면 개인이 직접 차량을 구매하는 사람은 거의 없겠지요. 주차나 세차, 정비 등을 하느라 골치 아파질 일 없이 그냥 자율주행차를 공유서비스로 이용하는 편이 더 편리하겠지요.

물론 사람이 운전하는 자동차가 완전히 사라질 거라고 보기는 어렵습니다. 경찰차나 구급차, 군사용 차량 등 특수 차량만을 제한적으로 인간이 운전해야 할 테지요. 이런 차량을 운전하려는 사람은 특별 면허를 취득해야 하고, 사용 목적에 부합할 때만 운전할 수 있게 될 것입니다.

자율주행차가 이처럼 우리 삶을 혁신하려면 기술개발과 함께 도로 환경에 대한 개선도 필요합니다. 인간 운전자를 위해 만들어진 신호등, 교통법규 등도 자율주행차가 좀 더 잘 인식할 수 있도록 개선하는 작업이 필요하기 때문입니다. 도로 곳곳에 자율주행차의 운행을 돕는 각종 표식, 위치정보 발신장치 등을 설치하는 작업도 필요할 것으로 보입니다.

이동형 로봇이 확고히 인간 생활에 녹아들기 위해선 주변 환경을 능동적으로 파악하는 각종 센서 기능, 이런 정보를 직관적으로 판난하는 시스템 발전이 필요하겠지요. 이는 AI 기술과 로봇의 접목을 통해 점점 더 현실로 다가오고 있습니다. 이동형 로봇이 바꾸는 사회의 모습은 절대 작지 않을 것 같습니다.

로봇, 인간을 돕다

로봇은 '기계'입니다. 그리고 기계를 만드는 것에는 목적, 즉 쓸모가 있어야 합니다. 드물게 쓸모없는 물건을 의미 없이 좋아하는 사람도 많습니다만, 로봇기술을 그런 목적으로 연구하진 않으니까요.

로봇의 쓸모란 결국 '일'을 하는 것이지요. 하지만 현시대의 기술로는 로봇이 모든 상황에서 제대로 일을 할 수 없다는 것이 문제입니다. 공장 같은 제한된 환경이라면 가능할지 모르겠습니다만, 정말로 복잡하고 주위 환경이 계속 바뀌는 현실에서 로봇이 쓸모가 있다고 말하긴 어렵지요. 사람이 유리컵 컵 한 잔에 물을 따라 마음대로 마실 수 있는 건, 그 잔을 바닥에 떨어뜨려 깨뜨린다 해도 모두 깨끗이 치울 능력이 있기 때문입니다. 즉 스스로 바닥에 흩어진 물과 유리 조각 등을 깨끗하게 혼자 청소해낼 수 없다면, 우리는 집안에서 유리잔에 물을 담아 먹으면 안 됩니다. 실수는 언제든 나오는 법이니까요. 그러니 로봇 팔을 이용해 물컵을 집어 옮기는 실험에 성공했다고 해도, 그 로봇이 사람에게 안정적으로 가사서비스를 해줄 수 있다고 판단하긴 어려운 것입니다. 이렇게 하려면 모든 상황에 유연하게 대처하려면 결국 로봇이 스스로 주변 상황을 판단하고, 여러 가지 활동을 다른 사람의 도움 없이 수행할 수 있어야 합니다.

결국 해답은 로봇 스스로 생각할 수 있는 능력, 이른바 '고도의 지능'을 만들어주는 것이겠지요. 그런데 현재의 AI 기술로는 이런 일이 쉽지 않습니다. 앞서 AI 원리를 잠시 이야기했는데, AI 기술도 많이 발전해 이제 데이터의 처리하고 그 결과를 내놓는 일(분석형 AI), 사람의 명령에 따라 갖고 있는 데이터에 종합, 다시금 새로운 데이터를 출력하는 일(생성형 AI)이 가능해졌습니다. 하지만 혼자서 유리잔을 깨버린 로봇이 아무도 시키지 않았는데 자기 손으로 진공청소기와 걸레를 찾아온 다음, 그걸로 깨끗이 사고현장(?)을 정리할 수 있을 리 만무합니다. 이런 일은 심지어 사람이라도 초등학교 저학년 이하 어린이라면 쉽게 하지 못하지요.

그렇다면 당장 어떤 노력을 기울여야 할까요. 방법은 두 가지입니다. 첫 번째는 앞 장에서 언급한 대로 '최대한 안정적인 형태'의 로봇을 만들기 위해 노력하는 것입니다. 즉 불안정한 휴머노이드 로봇 등의 형태보다 이동형 로봇 위주로 설계하고, 그것도 아니라면 아예 주위 환경을 로봇에게 꼭 맞춰줍니다. 제조용 로봇 등이 이런 사례에 해당하지요.

또 다른 방법은 '인간이 로봇을 써서 주도적으로 일을 하는 것'입니다. 로봇에 알아서 일할 수 없다면, 결국 사람이 해야 하는데, 그 과정에서 로봇의 도움을 받아 인간의 능력을 한층 더 높이는 경우지요. 이런 이유 때문에 가까운 미래에는 지금보다 '인간을 돕는' 로봇이 더 많이 등장할 것입니다. 인간을 능력을 더 높여주는 로봇, 인간이 지금까지보다 일을 더 잘할 수 있도록 도움을 주는 로봇이 있다면, 우리는 모든 상황에 유연하게 대응하면서도 모든 일을 더 잘할 수 있게 될 테니까요.

😊 '아이언맨 로봇' 어디까지 현실화될까

이런 형태의 로봇 종류 중 가장 먼저 이야기하고 싶은 건 바로

'웨어러블 로봇(Wearable Robot)'입니다. 말 그대로 몸에 옷처럼 입는 로봇이라는 뜻으로, 이른바 '착용형 로봇'을 이야기합니다. 드물게 '엑소스켈리턴 로봇(Exoskeleton Robot)'이라고도 부르는 사람도 있어요. 엑소스켈리턴(Exoskeleton)이란 '외골격'이란 뜻이에요. 가재나 게, 새우처럼 골격이 몸 바깥에 있는 형태를 이렇게 부릅니다. 아마도 이런 로봇을 몸에 입으면 갑옷을 입은 것처럼 보이니 그런 단어를 쓰는 것 같습니다. 따라서 웨어러블 로봇과 엑소스켈리턴 로봇은 거의 같은 뜻으로 쓰이지만, 뉘앙스에 약간은 차이가 있어요. 아무래도 소형 경량화 모델은 웨어러블 로봇이란 표현이 더 잘 어울리지만, 엄청나게 육중한 형태의 인체 착용형 로봇은 엑소스켈리턴 로봇이란 표현이 더 잘 어울리는 것 같습니다.

그리고 이런 웨어러블 로봇은 크게 두 종류로 나눌 수 있는데, 첫째는 '강화'가 목적입니다. 즉 이 옷을 입고 평소보다 힘이 더 세지고 싶을 때 입는 것입니다. 두 번째는 '보조'가 목적입니다. 즉 팔다리 근력이 약해 혼자 거동하기 어려운 노인, 혹은 몸에 장애가 있는 사람을 도울 목적으로 만드는 것입니다. 강화목적의 웨어러블 로봇이 군사용이나 재난구조용, 산업용 등으로 의미가 큰 반면, 이 경우엔 환자들을 돕는 재활장비로서 가치가 크다고 볼 수 있습니다.

이 두 가지 로봇은 얼핏 비슷해 보입니다만, 로봇을 설계할 때의 철학이나 사용방법 등이 크게 다르기 때문에 사실은 전혀 다른 장비로 보아야 합니다. 하지만 영화나 드라마는커녕, TV 뉴스나 신문기사 등을 보아도 두 종류의 로봇을 정확히 구분하는 경우를 찾기 어려워 아쉽게 느껴질 따름입니다.

우선 강화용 웨어러블 로봇에 대해 알아보겠습니다. 이 형태의 로봇은 영화 덕분에 보통 '아이언맨 로봇'이라고 불리기도 하지요. 영화 〈아이언맨〉의 주인공 '토니 스타크'는 인체 기능을 크게 높여주는 '로봇 슈트'를 입고 악을 물리치는 존재인데, 이와 이미지와도 겹쳐 보이고, 실제로 관련이 있는 기술도 많아 아무튼 웨어러블 로봇은 무조건 아이언맨 슈트라고 부르는 경우가 적지 않습니다.

강화 목적의 웨어러블 로봇은 결국 건강한 사람의 신체 능력을 한층 더 높여주기 위한 것입니다. 산업현장에서 무거운 장비를 취급해야 하는 사람, 무거운 포탄 등을 취급해야 하는 군인, 재난현장에서 강한 힘을 빌려 써야 하는 구조대원 등의 사람들에게 큰 도움이 되겠지요. 이런 특징 때문에 '강화 외골격'이나 '근력강화용 로봇', '근력 강화복', '착용형 근력강화 로봇' 등의 여러 가지 이름으로 불립니다. 물론 이 로봇을 입는다고 정말로 근육의 힘이 강해지는 것은 아닙니다. 사람의 움직임에 따라 로봇이 힘을 보조해주니 더 강한 힘을 내는 것처럼 느껴지는 것이지요.

이렇게 하려면 여러 가지 기술이 필요합니다. 웨어러블 로봇이란 결국 사람의 몸 외부를 로봇이 감싸고 있는 형태입니다. 따라서 팔이나 다리를 움직일 때, 사람의 움직임을 완전히 측정해 조금의 오차도 없이 따라서 움직이면서도 동시에 강한 힘도 낼 수 있는 '동작일치(싱크로)' 여부가 중요해집니다. 물론 실제로 인간의 동작과 완전히 일치시키긴 어렵지만 개발자들은 조금이라도 더 편안하게 움직일 수 있도록 싱크로율을 높이기 위해 연구를 계속하고 있습니다.

이렇게 하기 위해 과거에는 '압력 센서' 방식을 이용했습니다. 로봇 속에 들어가 있는 사람이 팔다리를 움직이면 로봇 뼈가 안에서 인체와 부딪히기 마련인데, 이 압력을 감지해 전기신호로 바꾼 다음, 그것을 컴퓨터로 해석해 로봇에 붙어있는 액추에이터(전기모터나 유압식 구동장치)를 움직여줍니다. 오작동 우려도 커 현재는 거의 쓰이지 않는 방식입니다. 이밖에 근육에서 발생하는 미세한 전기인 '근전도'를 측정하는 방식, 힘을 줄 때 근육이 딱딱해지는 '근육경도'를 감지하는 방식도 있습니다.

최근 많이 쓰이는 것은 '토크감지' 방식입니다. 쉽게 이야기해

팔라다인 AI(구 사코스)가 개발한 웨어러블 로봇 '가디언 XO'의 모습

출처: 팔라다인 AI

사람이 팔다리를 구부리거나 펼 때 관절에 생겨나는 힘의 크기를 감지한 다음, 거기에 맞춰 로봇이 따라서 움직입니다. 이 밖에 컴퓨터 프로그래밍을 이용해 인간의 동작을 미리 예측해 시간차를 최대한 줄이는 방법도 연구하고 있습니다. 제한적이지만 사람의 뇌파를 감지하는 방법도 연구되고 있습니다.

현재까지 개발된 웨어러블 로봇 중 일부 실용화 수준에 도달한 것도 많습니다. 가장 성능이 뛰어나다고 알려진 것은 미국 로봇 전문 기업 사코스(Sarcos, 풀 명칭은 Sarcos Technology and Robotics Corporation)가 개발한 가디언 XO(Guardian XO)입니다.

이 로봇은 본래 군사 목적으로 개발했던 로봇 엑소스(XOS)를 새롭게 개발한 것입니다. XOS는 두 번째 버전(XOS-2)까지 개발됐는데, 사실 운동능력 자체는 XOS가 가디언 XO보다 더 뛰어났던 걸로 기억합니다. 이 로봇을 착용하면 평균적인 성인 남자의 약 17배에 달하는 힘을 낼 수 있습니다. 참고로 이 회사는 2024년 3월, 회사 이름을 '팔라다인 AI(Palladyne AI)'로 바꿨습니다. 세계 최고의 웨어러블 로봇기술을 갖고 있던 회사지만, 앞으로 AI 기술과 로봇의 접목이 더 중요하다고 보고 회사의 운영 방침을 바꾼 것이지요.

XOS 계열 로봇의 특징은 이렇게 힘이 세면서도 웬만한 사람의 몸동작을 거의 다 수행할 수 있다는 점입니다. 계단이나 험지 등도 빠른 속도로 이동할 수 있고 달리기도 할 수 있습니다. 축구를 하는 동영상, 빠른 속도로 펀칭볼을 두드리는 동영상이 공개된 적도 있습니다. 다만 로봇의 부피가 매우 크고 무거워 로봇을 입고 있지 않다면 굉장히 큰 짐이 됩니다. 가디언 XO는 배터리가 장착돼 있습니다만, XOS는 전깃줄을 연결해야만 겨우 움직일 만큼 전기를 많이 잡아먹었습니다. 그러니 영화처럼 군인이 이런 로봇을 입고, 다시 총을 들고 전투에 나서기에는 아직 어려워 보입니다. 다만 군사용으로 가치가 적지는 않습니다. 사람이 들기 어려울 정도로 큰 포탄이나 군사용 보급품 등을 나르는 데 큰 도움이 될 테니까요. 물론 산업현장에서도 큰 쓸모가 있을 것 같습니다.

　미국 록히드마틴도 과거 야전 전투상황에 사용할 수 있는 '헐크'라는 로봇을 개발한 바 있습니다. 이 로봇은 병사의 하체 힘을 키워줄 목적으로 개발됐지요. 무거운 군장을 짊어지고 먼 거리를 걷거나, 빠른 속도로 달리기를 할 수 있도록 돕는 로봇입니다. 90킬로그램에 해당하는 짐을 짊어지고 길을 수 있고, 최대 시속 16킬로미터의 속도로 달릴 수도 있었습니다. 마라톤 풀코스를 두 시간 반에 주파할 수 있는 속력이죠.

　이런 기술을 종합해 미군은 특수전사령부(특전사)용 웨어러블 로봇을 특별히 개발하기도 했었습니다. '탈로스(TALOS)'란 이름으

화재현장에서 소방관들이 사용할 수 있는 '하이퍼 R1'

출처: FRT

로 개발한 바 있지요. 사실 웨어러블 로봇 기술이 포함된, 군인들을 위한 작전용 종합 시스템 느낌이 강했습니다. 본래 2010년대 초반에 연구를 시작해 2020년 이전 실용화할 계획이었는데, 현재는 예산 부족으로 개발이 중단된 상태입니다.

웨어러블 로봇 기술은 우리나라도 수준급입니다. 사실 이미 상용화 단계에 도달했다는 평가를 받습니다. 한국생산기술연구원의 기술을 이전받은 웨어러블 로봇 전문기업 '에프알티(FRT)'가 유명한데요. 구조대원이 화재현장에서 높은 빌딩을 걸어 올라갈 때 사용하는 하체보조 웨어러블 로봇 하이퍼R 등 다양한 제품을 출시한 바 있습니다. 하이퍼R을 입으면 최대 속도는 시속 8킬로미터로 움직일 수 있고, 최대 동작시간은 두 시간 내외입니다. 그러나 소방 현장에서 쓰는 공기호흡기가 1대에 45분밖에 쓸 수 없기 때문에 사용상 문제는 없어 보입니다. 약 30킬로그램의 짐을 추가로 짊어지고 하체 피로가 거의 없이 이동할 수 있는 것이 장점입니다. 즉 고층빌딩 화재 시 구조 요청자가 있는 곳까지 두 대 이상의 공기호흡기와 산소탱크를 짊어지고 걸어 올라간 다음, 마지막엔 로봇마저 벗어버리고 사람만 구조해서 내려오는 식입니다. 화재 진화 이후엔 수거해서 다시 쓸 수 있습니다.

국내 방위산업체 LIG넥스원도 하이퍼R과 비슷한 형태의 군사용 웨어러블 로봇 '렉소'를 개발한 바 있습니다. 이밖에 현대자동차도 '산업용 강화 외골격'이란 이름의 로봇을 개발한 바 있고, 한양대 연구진도 '헥사(HEXAR)'라는 이름의 로봇을 개발한 바 있습니다. 초대형 선박 등을 만드는 '대우조선해양'에서도 산업형 웨어러블 로봇을 만든 적이 있습니다.

웨어러블 로봇은 우주 탐사복석으로도 개발됩니다. 미국항공우주국(NASA)도 비슷한 로봇을 연구한 적이 있는데, 외계탐사를 나선 우주인에게 지급할 목적으로 X1이라는 이름의 웨어러블 로봇을 개발해 화제가 됐지요. 지구보다 훨씬 중력이 강한 외계 행성에 도착했을 경우 사용할 목적으로 연구한 것입니다. 더 큰 산소통과 더 큰 배터리를 장착할 수 있기 때문에 큰 도움이 되겠지요.

그런데 최근에는 강화형 웨어러블 로봇의 성격이 다소 바뀌고 있습니다. 기계장치로 만든 육중한 웨어러블 로봇을 입으면 강한 힘을 낼 수는 있는데, 무거운 갑옷을 입고 돌아다니는 격이라 아무래도 자유롭게 움직이기엔 불편하지요. 강한 힘을 얻지만, 그 과정에서 입고 있는 사람의 피로도는 오히려 더 높아지는 경향이 있습니다. 미국 국방부 산하 방위고등연구계획국(DARPA)이 록히드마틴의 금속 슈트인 헐크를 이용해 실제 병사들의 피로도를 조사한 결과, 헐크를 입었을 때 오히려 피로도가 39퍼센트 증가한다는 연구결과를 발표하기도 했습니다.

그래서 아예 천으로 만든 '의복형 웨어러블 장비'가 존재합니다. 이런 장비는 보통 액추에이터 없이 스프링, 고무줄 등 탄성을 가진 재료를 이용해 설계해 사람의 몸동작을 돕도록 만듭니다. 이럴 경우는 '로봇'이라는 용어가 맞지 않습니다. 말 그대로 특수기능을 가진 의복이지요. 그래서 '슈트'라는 단어를 쓰는 것이 적합해 보입니다. 물론 용어는 개발을 맡은 연구진이 결정하는 것입니다. 슈트지만 로봇이라고 부르는 회사나 연구자가 있고, 그 반대의 경우도 있어 기능을 잘 살펴봐야 합니다.

이런 형태의 장비를 처음 개발한 곳은 미국 하버드대학교 연구진인데, 이 경우엔 와이어에 연결된 소형 모터가 들어 있어 로봇이라고 불러도 괜찮습니다. 하지만 연구진은 애써 '소프트 엑소슈트'라는 분류를 새롭게 만들어 기존 웨어러블 로봇과 구분지으려고 했습니다. '하버드 엑소슈트'의 경우 힘이 최대 20퍼센트까지 증가하지만, 착용하지 않을 때는 옷걸이에 걸어 옷장 안에 보관할 수 있습니다.

지금은 아예 일체의 액추에이터가 들어 있지 않은 웨어러블 슈트를 개발하는 곳이 많습니다. 얼마 전 국내 기업 CJ대한통운도 국내 웨어러블 로봇 기업 '엔젤로보틱스'와 함께 물류직원들이 입을 수 있는 슈트를 개발해 화제가 되기도 했습니다.

영화 속 아이언맨의 성능은 어디까지나 공상의 것입니다. 그만한 성능의 로봇이 현실에 등장하는 것은 과학적으로 불가능하지요. 하지만 현실 속 웨어러블 로봇도 쓸모가 많은 장비입니다. 인간이 가진 한계를 극복해 더 많은 일을 할 수 있게 도와주지요. 누구나 웨어러블 로봇을 입고 힘겨운 일을 손쉽게 척척 처리할 수 있는 날은 실제로 얼마 남지 않은 것 같습니다.

☺ '사회적 약자'를 위한 웨어러블 로봇

강화형 웨어러블 로봇과 달리 보조형 웨어러블 로봇은 처음부터 사회적 약자를 배려하기 위해 개발한 것입니다. 다리를 움직이지 못하는 사람, 혹은 다리 힘이 약한 사람을 돕기 위해 만드는 것이지요. 즉 환자의 재활, 혹은 장애인 보조를 위한 장치입니다.

강화형 웨어러블 로봇은 입고 있는 사람도 건강하므로 스스로 균형을 잡고 움직일 수 있으니 착용자의 힘만 키워주면 됩니다. 하지만 보조형 웨어러블 로봇은 로봇 스스로 사람의 몸을 보조해 균형을 잃지 않고 한발 한발 안정적으로 걷도록 만드는 데 초점

리워크가 개발한 환자 보조용 웨어러블 로봇 리워크

출처: 리워크

이 맞춰져 있습니다. 이때 흔히 사용되는 방식은 체중감지 기술입니다. 사람은 왼쪽 발이 걸어나갈 때는 저절로 오른쪽 어깨를 앞으로 내밀게 되는데, 이는 발만 계속 걸어나가면 엉덩방아를 찧기 때문입니다. 이 원리를 이용해 로봇의 발 부분에 무게를 감지하는 '감압센서'를 넣고, 무게를 느낀 것과 반대쪽에 있는 발을 앞으로 움직여주는 원리입니다. 여기에 압력센서가 붙은 '전자목발'을 보조적으로 이용하면 어느 정도는 혼자 보행이 가능해지지요.

이 방식으로 만든 웨어러블 로봇 중 유명한 것은 이스라엘 기업이 개발해 현재는 미국 회사에서 시판 중인 리워크(Rewalk)가 있습니다. 한국 기업 중에는 한국과학기술원 연구진이 개발해 창업

한 회사 '엔젤로보틱스'가 개발한 '워크온슈트'도 대단히 유명한 로봇입니다. 한국생산기술연구원팀이 시험적으로 하체마비 환자용 웨어러블 로봇 '로빈'을 개발한 바 있습니다. 로빈은 국내 최초의 보조형 웨어러블 로봇이었고, 필자가 처음으로 기사로 소개한 적이 있습니다. 이밖에 대기업 중에는 현대기아자동차 연구진이 'H-MEX'를 개발한 바 있습니다.

강화형과 보조형을 통틀어 세계 최초의 웨어러블 로봇은 일본 로봇 기업 '사이버다인'이 개발한 할(HAL)이었는데요, 이 로봇은 특이하게 강화형과 재활형, 양쪽으로 모두 사용할 수 있습니다. 근육에서 발생하는 미세한 전기, 즉 '근전도'를 측정하는 방법을 이용하지요. 이렇게 하면 건강한 사람에게도 적용할 수 있습니다. 하지만 실제로는 노인이나 환자 재활을 목적으로 공급하고 있습니다. 미약하더라도 근육의 기능 자체는 살아있는 환자가 대상입니다. 이런 환자의 근육에 접착패드를 붙이고, 그 패드를 통해 근육에서 발생하는 미세한 전기를 측정해 로봇을 움직여줍니다. 입고 벗기 불편한 점이 단점이고, 또 다리에 신경이 완전히 통하지 않는 하체마비 환자들에게는 적용할 수 없습니다. 하지만 성능이 비교적 확실해 일본에서는 실제로 환자 재활치료 및 보조용으로 의료 승인을 받아 쓰이고 있습니다.

최근 인기가 있는 건 '뇌파 제어' 기술입니다. 사람의 뇌파를 측정한 다음, 이것을 컴퓨터로 해석하는 것이지요. 흔히 뇌-컴퓨터 연결(BCI) 기술이라고도 부릅니다. 강화형 웨어러블 로봇 연구자들도 마찬가지이긴 합니다만, 아무래도 보조형 웨어러블 로봇 연구자들이 이 기술에 더 큰 관심을 갖고 있습니다. 왜냐하면 세상에는 목 아랫부분이 완전히 감각이 없는 '전신 마비 환자'가 적지 않은데, 이 기술을 이용하면 다시 걸을 수 있는 희망이 생기기 때문입니다. 아직 시판이 가능할 정도의 기술은 없지만, 먼 미래에 가능할 거라고 보고 꾸준히 연구하는 사람들이 있답니다.

이 기술의 시초는 2014년 브라질 월드컵 개막식에서 볼 수 있었습니다. 당시 개막 행사의 일환으로 특별한 시축 행사가 열렸는데요, 웨어러블 로봇을 입은 한 청년이 EEG(뇌파측정장치)를 내장한 헬멧을 쓰고, 자신의 뇌파를 이용해 로봇 다리를 움직여 공을 찬 것입니다. 사실 뇌파는 워낙 미약하고 잡음도 많은데 이 정보를 분석해 얼마나 의미 있는 행동이 가능하겠냐는 지적이 많았는데, 이날 시축 이후 뇌로 생각만 한다면 팔다리를 움직일 수 있다는 사실이 실증되면서 전 세계 과학자들의 후속 연구가 이어졌지요. 2019년에는 프랑스 그르노블대학교 생물물리학과 연구진이 전신 마비 환자 보조용 웨어러블 로봇을 개발했는데, 이 환자는 생각만으로 팔과 다리에 연결된 로봇을 모두 움직일 수 있었습니다. 건물 발코니에서 12미터 아래로 떨어져 척수를 다친 후 사지 마비 판정을 받았던 '티보'라는 이름의 28세 청년이었지요. 2017년부터 2019년까지 진행된 실험에서 외골격 로봇을 입고 두 손과 팔 관절을 움직이고, 두 발로 걸어 축구 경기장을 한 바퀴 도는 데 잇따라 성공해 보였습니다.

이 방식은 환자의 머리에 두 개의 전극을 심는 것입니다. 수술을 통해 환자의 뇌 속에 직접 전극을 심는 방법이지요. 이런 기술이 과거에도 있기는 했는데, 자칫 수술이 잘못되면 환자가 뇌를 다쳐 사고능력을 잃는 등의 부작용이 있을 수 있어 동물실험에 그쳤지요. 발전한 기술은 두개골과 뇌를 감싸고 있는 뇌막과 두개골 사이에 전극을 심었습니다. 즉 뇌를 직접 다치지 않고도 뇌파 신호를 더 정확하게 받을 방법을 개발한 것이지요. 우리나라에는 김래현 한국과학기술연구원 책임연구원팀이 EEG 방식을 이용해 하체마비 환자용 외골격 로봇을 개발하고 있습니다.

BCI 분야에서 유명한 곳이 하나 더 있습니다. 미국 전기자동차 회사 테슬라의 사장인 '일론 머스크'가 만든 '뉴럴링크'라는 회사입니다. 이 회사는 사람의 두뇌에 그대로 전차 칩을 심어 뇌파를 측정하는 기술력이 뛰어납니다. 로봇 조종까지는 아직(2024년) 시도하고 있지는 않습니다만, 사람의 뇌와 컴퓨터를 연결해 그대로 게임을 하는 등 다양한 실험을 계속하고 있습니다. 이런 기술이 발전할수록 뇌파 조종 방식 웨어러블 로봇 실용화도 점점 더 빨라질 것입니다.

웨어러블 로봇 기술은 활용도가 매우 높습니다. 다양한 발명품을 만들 수 있지요. 특히 근전도 및 근경도 측정, BCI 등의 방법을 응용하면 웨어러블 로봇뿐 아니라 의족, 의수 등의 성능을 크게 끌어올릴 방법도 찾아낼 수 있습니다. 이런 기술이 꾸준히 높아지면 언젠가 장애가 큰 문제가 없는 세상이 올 가능성도 높아질 것으로 보입니다.

😀 수술로봇 = 의사를 돕는 도구

현재 완벽하게 상용화돼 있는 '인간의 능력을 높여주는 로봇'은 사실상 이 형태의 로봇이 유일하다고 생각되기도 합니다. 바로 '수술로봇'입니다. 수술로봇은 의사가 수술을 더 잘할 수 있도록 보조해주는 장비이지요.

수술용 로봇은 이미 여러 실용화돼 있는데, 가장 대표적인 로봇이 '다빈치'입니다. 미국 인튜이티브서지컬사가 개발한 이 로봇은 의료계에 큰 혁명이었습니다. 이 로봇은 본래 의사가 기다란 수술 도구를 손으로 잡고 환자의 몸에 뚫은 대여섯 개의 작은 구멍 속으로 넣어 치료하는 '복강경 수술'을 더욱 편리하게 할 수 있도록 만든 것입니다. 복강경 수술을 할 줄 아는 외과 의사라면 당연히 이 로봇이 없어도 기존의 도구를 이용해 수술할 수 있습니다. 반대로 의사가 복강경 수술 자체를 할 줄 모르면 이 로봇은 무용지물이 되지요.

그렇다면 로봇이 필요 없는 것 아닌가 싶지만 실제로는 대단히 높은 쓸모가 있습니다. 우선 압도적으로 넓은 수술 시야를 제공합니다. 수술이라는 것은 시야가 선명해야 깨끗하게 할 수 있습니다. 다빈치 로봇을 이용하면 환자의 몸 속에 넣은 카메라를 통해 전송된 영상을 확인할 수 있게 됩니다. 수술 시야를 확보하기 위해 무던한 노력을 하던 기존 수술방식이 뿌리째 바뀌는 것입니다. 몸 속을 생생한 입체(3D)영상으로 볼 수 있지요. 더구나 이 로봇은 의사의 손 떨림을 막아주는 기능도 제공합니다. 환부를 코앞에서 생생하게 입체영상으로 보면서 손 떨림이 전혀 없이 수술할 수 있으니 실수를 할 가능성이 크게 줄어들지요.

그리고 다빈치는 조작부위와 수술부위가 분리돼 있습니다. 인터넷 등으로 연결한다면 언제든 원격수술도 할 수 있도록 만들어져 있지요. 다빈치가 실용화된 것은 이미 오래 전입니다. 국내에는 신촌 연대 세브란스 병원에서 2005년 처음 도입했으며, 그해 7월 15일에 첫 로봇 수술에 성공했습니다. 그 후 서울대병원, 아산병원, 삼성서울병원, 한강성심병원, 고려대안암병원, 부산 동아대병원 등 앞다퉈 다빈치를 도입해 사용 중입니다.

다빈치를 예로 들었습니다만 세상에는 많은 수술로봇이 존재하지요. 그리고 모두 '의사가 더 수술을 잘할 수 있도록 돕는 고성능 수술도구'로 성격이 강합니다. 우리나라도 다빈치와 비슷한 수술로봇 '레보아이(Revo-i)'를 개발한 바 있습니다. 그밖에는 수술부위의 위치를 안내하거나, 인공관절 수술에서 뼈를 깎을 때 사용하는 보조용 장치 등인 경우가 대부분입니다.

수술로봇이 큰 의미가 있는 건 수술이라는 위험하고 불완전한 상황을 개선하고, 나아가 기존에 불가능하던 새로운 수술법을 개발할 여지를 주기 때문입니다. 예를 들어 다빈치 최신형 모델은 이른바 '싱글포트 수술(단일공 수술)' 기능을 제공합니다. 이는 환자의 배꼽에 구멍을 하나만 뚫는 복강경 수술법인데, 수술이 끝나고 봉합에 신경을 쓰면 흉터를 거의 남기지 않을 수 있어 여성들에게 특히 인기가 있습니다. 그렇게 좋은 수술이면 하지 않을 이유가 없을 것 같은데, 막상 이 수술을 받기는 쉽지 않았습니다. 왜냐하면 이렇게 수술하기는 아주 어렵기 때문입니다.

한 개의 좁은 구멍으로 여러 개의 도구를 넣어 환부를 자르고 꿰매고 해야 하는데, 손으로 조작하는 막대형 수술 도구로 싱글포트 수술을 자신 있게 할 수 있는 의사는 우리나라를 통틀어 몇 사람 되지 않습니다. 하지만 로봇을 이용하게 되면서 많은 의사들이 쉽게 할 수 있게 되었지요. 즉 로봇 기술이 발전하면서 환자들이 흉터 없는 수술을 받을 수 있는 길이 더 넓어진 것이지요. 바꿔 말하면 로봇이 외과 의사의 역량을 한층 더 높여준 것이라고도 할

캡슐내시경으로 촬영한 소장 내 출혈 발생 부위와 메드트로닉 캡슐내시경

출처: 메드트로닉

수 있습니다. 이처럼 수술로봇의 발전은 의사의 편의를 넘어서 의학의 발전 그 자체를 주도하기도 합니다.

미래엔 '캡슐형 수술로봇'이 등장할 것입니다. 최근 알약처럼 삼키면 위나 내장 속을 돌아다니면서 환부의 사진을 찍는 '캡슐검사'가 유행인데요, 힘겨운 내시경을 받지 않아도 되니 인기가 있습니다. 뱃속에서 사진을 찍어 허리에 두르고 있는 수신장치로 보내주는 방법을 자주 사용합니다. 먹은 캡슐은 소화기관의 연동 운동에 따라 변과 함께 배출되는 형태지요. 이 단계에서는 로봇이라고 하긴 조금 어렵습니다만, 최근 여기에 여러 가지 장치를 덧붙인 캡슐형 로봇도 개발되고 있습니다. 이런 캡슐로봇이 몸속에 생긴 환부를 직접 살펴보고, 조직검사를 위해 살점을 일부 떼어내고, 수술에 대비해 환부에 표시를 하거나, 약물을 환부에 직접 뿌려 치료까지 할 수 있는 기능 등이 가능해질 것입니다.

흔히 '로봇 수술이 더 보편화된다면 의사들은 직장을 잃게 되지 않을까?'라는 이야기를 하곤 합니다. 이런 질문은 사람을 수술해주는 '외과 의사'를 로봇이 완전히 대체한다고 생각하기 때문에 나오는 질문이지요.

왜 그런 오해들을 하나 생각을 해보았는데, 아마도 수술로봇이 어떤 원리로 움직이는지 전혀 이해하지 못하고 있기 때문이 아닐까 생각됐습니다. 다만 어디서 '수술을 할 수 있는 로봇이 있다'는 이야기 정도를 들어 봤고, 따라서 이런 로봇의 성능이 점점 좋아지면 언젠가는 수술실에 의사가 들어가지 않아도 될 것 같다고 생각하는 것입니다. 그렇다면 전문직의 상징 같은 의료인들도 설 자리를 잃게 될 정도로 인공지능이나 로봇기술이 위협적으로 여겨진다는 말이라고 생각하는 듯합니다.

하지만 현실은 다릅니다. 필자는 미래에 AI와 로봇기술이 점점 더 발전하면 도리어 외과 의사가 일을 하기에 점점 더 좋아질 거라고 보고 있습니다. 지금 외과는 예비 의사 사이에서 가장 인기 없는 분야입니다. 힘들게 수술을 해야 하고 24시간 대기도 해야 합니다. 그런데도 만의 하나 실수라도 있다면 의료소송 등에 휘말릴 위험도 크지요. 안 그래도 지원자가 별로 없는 외과가 수술로봇이 등장하면서 한층 더 지원자가 줄어들 거라고 걱정하는 경우도 적지 않게 보게 되지요. 하지만 미래엔 로봇기술이 발전하면서, 이 로봇을 통제하고 수술과정을 총괄할 외과 전문의의 위상은 더 높아질 수 있다고 생각합니다.

AI로 대체가 가능한 의료기술로 대표적인 것이 보통 '진단' 기술입니다. 외과의 반대인 내과가 잘하는 분야이지요. 많은 의학지식을 공부한 바탕으로 환자를 '진단'하는 것입니다. 그런데 AI의 특징은 '뭔가 엄청난 데이터를 쌓은 다음, 그것을 바탕으로 새로운 데이터를 분석(혹은 생성)하는 것'입니다. 그러니 내과 계열의 업무는 AI로 대체하기 유리합니다. 예를 들어 내과 계열 계열에 속하는 '영상의학과'는 환자의 몸을 X레이나 MRI, CT 등으로 촬영한 영상을 살펴보고 환부를 알아내는 분야인데, 지금은 인기가 굉장히 높은 과입니다. 어려운 수술에 참여하지 않아도 되고, 의료의 일선을 지켜야 하는 부담도 적기 때문입니다. 그런데 AI 판독 프로그램을 시키면 실제로 영상의학과 의사들이 일을 실제로 대체할 수 있습니다. 실제로 그런 기술이 개발돼 있고, 더욱 성능을 높이려는 사람들이 계속 연구 개발 중입니다. 따라서 미래가 되면 될수록 영상의학과에서 의료인력의 필요성은 점점 줄어들 가능성이 큽니다. 물론 영상의학과 의사가 완전히 사라진다고 보긴 어렵습니다만, 현장에서 수요가 줄어드는 것은 피하기 어렵게 되지요.

반대로 외과는 이야기가 다릅니다. 수술을 한다는 건 환자의 생명을 책임지는 일입니다. 동시에 수술을 진행하는 과정에서 생기는 여러 가지 상황에 능동적으로 모두 대응해야 합니다. 만의 하나라도 실수가 일어나면 사람이 크게 다칠 수 있습니다. 그리고 잘 알려진 것처럼 인공지능이란 '실수'를 하는 존재입니다. 즉 로봇에게 수술을 총괄할 권한을 줄 방법이 없습니다. 영상판독은 사진 한 장을 읽고 결과를 내면 끝이지만, 수술은 여러 명으로 구성된 하나의 팀이 한 사람의 몸을 치료하기 위해 꽤 장시간 협력해서 일을 해야 하니까요. 이런 일을 로봇에게 완전히 맡기려면 사람과 별 차이 없을 정도의 완전한 자아를 갖춰야 하고, 법적인 책임 권한까지 갖고 있어야 합니다. 현재의 AI 기술로는 불가능한 영역입니다. 반대로 이야기하면, 수술로봇 기술이 발전할수록 외과 의사는 더 일하기 편해지고, 더 안전하게 일할 수 있게 됩니다. 결국 앞으로 로봇 수술 기법이 더 발전하면서 수술은 더 안전하고 쾌적한 작업으로 바뀌어 가는 반면, 외과 의사의 수요 자체는 크게 줄어들지 않을 것입니다.

이처럼 수술로봇은 사람의 생명을 구하고, 의학의 발전을 이끄는 로봇, 의사를 도와 더 쾌적하고 안전한 병원을 만드는 데 크게 일조하는 기술입니다. 시장성도 커 앞으로도 점점 더 큰 발전이 예상되는 분야지요. 누구나 흉터가 전혀 없는 수술을 받을 수 있는 세상, 캡슐로봇을 먹기만 하면 간단한 질병은 쉽게 치료할 수 있는 세상이 점점 가까이 다가오고 있습니다.

로봇, 인간을 대신하다

앞서도 잠시 이야기했습니다만, 로봇은 본래 '일을 하는 사람'이란 뜻이 있습니다. 체코어 '로보타'라는 단어는 '강제로 일한다'는 뜻인데요, 이 말이 '사람 대신 일을 하는 기계장치'라는 뜻으로 바뀐 것입니다. 로봇의 역사는 결국 '일을 하는 존재'를 만들기 위한 노력이 쌓여져 만들어진 것이지요.

인간 대신 일을 하려면 가장 이상적인 형태는 인간을 닮은 로봇이겠지요. 국립국어원 표준국어대사전에선 '로봇'의 뜻에 대해 1번 항목에 '인조인간과 비슷한 것'이라고 적혀 있습니다. 일반적인 상식에 사람들은 '로봇'의 가장 자연스러운 형태를 '휴머노이드 로봇'이라고 생각하고 있다는 의미일 것 같습니다. 이처럼 사람들이 휴머노이드 로봇에 갖는 기대는 크답니다.

기계장치가 사람처럼 생겼다는 말은, 기술적인 문제만 없다면 정말로 사람이 할 수 있는 일은 뭐든지 다 할 수 있게 되겠지요. 이런 로봇이 정말로 시판된다면 정말로 편리한 세상이 오겠지요. 집안에서는 가사를 돕고, 공장에서는 사람 대신 물건을 만들고, 전쟁이 일어나면 군인들 대신 적군과 싸워주고, 재난현장에서는 잔해를 치워가며 다친 사람을 도울 수도 있을 것입니다.

　그래서 사람들은 '절충안'을 찾습니다. 사람이 이 할 수 있는 일을 모두 다 해주는 로봇이 아니라, 그중 일부만을 대신할 수 있는 기계장치를 개발하기 시작했지요. 그 결과 수많은 종류의 로봇이 등장했습니다. 바퀴가 달려 굴러다니는 로봇, 사람의 팔 움직임만 대신하는 로봇, 하늘을 날아다니는 로봇, 공장 생산에서 정해진 규칙대로 정해진 한 가지 일만 반복하는 로봇······. 이런 것들을 구분하는 방법에 대해 여러분은 이제 충분히 이해하고 있으리라 생각합니다.

하지만 이런 로봇들이 있다고 해서 무궁한 가능성이 있는 '휴머노이드 로봇'의 개발을 포기하는 것은 옳지 못합니다. 이런 로봇들이 할 수 있는 일은 대단히 '제한적'입니다. 정해진 한 가지 일, 많아도 그와 비슷한 일을 할 수 있을 뿐입니다. 모양이나 구조도 그 일을 하기 적합한 형태로 만들어지니, 다른 일을 하기는 점점 더 어렵다는 단점을 안고 있으니까요.

현재 휴머노이드 로봇기술 수준에서 사람처럼 걷고, 달리고, 물건을 집어 옮기는 것은 가능합니다. 하지만 이 로봇이 사람처럼 일을 할 거라고 기대하긴 어려운 상황이지요. 그러나 '어느 정도 움직이는 로봇'이 존재하는 만큼, 그 기술을 점점 더 발전시켜 결국에는 인간 대신 다양한 일을 해주는 로봇을 만드는 것을 포기해선 안 되겠지요. 이런 노력을 계속하다 보면 먼 미래에 영화 속에서 흔히 보던 로봇, 사람처럼 생각하고 스스로 일하는 인간형 로봇도 언젠가는 등장할 것입니다.

이 과정에서 인간형 로봇에 더해 추가로 이야기하고 싶은 로봇이 바로 '네발로봇'입니다. 다른 로봇에 비해 휴머노이드 로봇이 가진 강점은 두 가지입니다. 첫째는 걸을 수 있다는 것, 두 번째는 두 손을 쓸 수 있다는 것입니다. 즉 '걸어다니는 로봇'은 휴머노이드의 가장 큰 강점 중 절반 이상을 갖고 있는 로봇이라고 할 수 있겠지요.

개나 고양이, 소나 말, 당나귀 등 이른바 '네발로봇'은 우리 인간과 오랫동안 함께 살아왔지요. 네발로봇은 사람처럼 손을 써서 일을 하지는 못합니다만, '이동'이라는 관점에선 인간을 뛰어넘는 능력을 갖고 있습니다. 인간보다 훨씬 빠르게, 훨씬 안정적으로 이동할 수 있으면서도, 인간 못지않게 어떤 복잡한 지형도 쉽게 극복할 수 있습니다. 그리고 네발로봇이 휴머노이드 로봇에 비해 훨씬 유리한 점도 하나 있습니다. 그것은 두 발보다 네 발이 훨씬 안정적이라는 점입니다. 네발로봇 기술은 이미 실용화 단계에 와 있어 빠르게 우리 생활로 들어올 것으로 보입니다.

🤖 재난현장 넘어 일상으로⋯⋯ '휴머노이드 로봇'이 온다

휴머노이드 로봇은 그래서 영화나 만화 속 단골 소재입니다. 로봇은 사람이 할 수 있는 일은 본래 모두 할 수 있어 귀찮은 집 안일을 대신 해주기도 합니다. 그런데 현실 속 휴머노이드 로봇은 영화나 만화와는 전혀 다릅니다. 걷거나 달릴 수는 있지만, 막상 일을 시켜보면 굼뜨고 행동도 느린 데다, 미리 프로그램해주지 않은 일은 거의 할 수 없지요. 그러니 '쓸모없다'는 소리도 참 많이 들었던 로봇입니다.

하지만 기술이 부족해 당장 쓸모가 없다고 해서, 로봇의 '형태'가 가진 가능성이 사라지진 않습니다. 과학기술은 점점 더 발전하고 있고, 휴머노이드 로봇이 현실에서 활약할 수 있는 길도 차츰 열리고 있으니까요.

잠시 옛날 이야기를 해보겠습니다. 벌써 10년이 다 되어가는군요. 미국 국방성 산하 방위고등연구계획국(DARPA, 다파)이 2013~2015년 사이 로봇경진대회를 진행한 적이 있습니다. 대회의 이름은 '다파로보틱스챌린지(DRC, DARPA Robotics Challenge)'. 다파는 당시 각국 로봇 연구진을 대상으로 공고를 냈는데요, 그 내용은 사람 대신 재난현장에 침투해 복구작업을 하고 귀환하는 로봇을 만들어 보라는 거였습니다. 그 계기는 일본의 '후쿠시마 원자력발전소' 사고였지요. 원전사고는 원자로가 폭발하는 1차 폭발, 발전소 외벽이 폭발하는 2차 폭발로 나뉩니다. 후쿠시마 원전 사고를 본 원자력 전문가들은 1차 폭발 후 내부에서 냉각수 밸브를 잠그는 등의 간단한 복구 작업만 이뤄졌다면 2차 폭발로 이어지지 않았을 거라고 하더군요. 즉 원전 내부에 들어가 몇 가지 작업을 할 로봇이 없어서 그렇게 큰 사고로 이어진 것입니다.

그래서 다파는 '가상의 원전사고 현장에 들어가 냉각수 밸브를 잠그고, 전선복구 작업 등을 시행하는 로봇을 만들어 와라. 누가 제일 잘하는지 경진대회를 거쳐 1위를 선정하고, 200만 달러의 상금도 주겠다'는 거였습니다. 기술평가와 예선을 거친 후, 최종 결승은 2015년 미국 LA 옆 소도시 '포모나'에서 열렸지요. 이 당시 우리나라 한국과학기술원 연구진이 1위를 했지요. 당시 대대적으로 보도가 됐기에 많은 사람들이 이미 알고 있는 이야기입니다. 경쟁상대였던 연구진이 미국항공우주국(NASA), 스텔스 전투기로 유명한 록히드마틴, 메사추세츠공대(MIT), 로봇왕국 일본에서 온 일본산업기술연구소, 도쿄대 등이었으니 한국 연구진 사이에선 이만저만한 성과가 아니었지요. 필자도 현장까지 날아가 취재를 했던 기억이 있습니다.

이 당시 인상적이었던 건, 다파는 로봇의 형태를 제한하지는 않았습니다. 그냥 원하는 로봇을 만들어 오라고 했지요. 그런데 몇몇 팀을 제외하면 참가팀은 대부분이 휴머노이드 형태의 로봇을 만들어 왔습니다. 그 편이 유일한 해답이라는 걸 누구나 알고 있었던 것이지요.

이 대회를 계기로, 세계적으로 휴머노이드 로봇 연구의 테마는 '실제로 재난현장에 들어가서도 뭔가 일을 할 수 있는 수준의 성능을 로봇에 부여하는 것'으로 바뀌었습니다. 즉 휴머노이드 로봇에게 드디어 뭔가 일을 시킬 수 있는 기술을 개발하기 시작한 것이지요.

그 이전에 진행됐던 연구는 '인간의 몸동작을 기계장치로 구현해 보이는 것'이었습니다. 그 과정에서 로봇의 운동성능을 높이는 것이 목적이었죠. 예를 들어 걷기만 하던 로봇을 달리게 만든다든가, 점프를 하게 만든다든가 하는 식입니다. 덕분에 관련 기술은 끊임없이 발전했습니다. 과거 '달리기'가 가능한 휴머노이드 로봇을 만들 수 있는 곳은 혼다와 도요타 등 일본의 일부 기업뿐이었습니다. 대학 등에서 연구목적으로 개발한 로봇 중 달리기가 가능한 것은 한국 KAIST의 '휴보'가 최초였지요. 그런데 이 달리기 기술이 이제는 보편화됐습니다. 현재 가장 뛰어난 성능을 자랑하는 인간형 로봇은 미국 보스턴다이나믹스사가 개발한 '아틀라스'입니다. 두 발로 걷고 달리고, 땅 위를 구르고, 심지어 백플립까지 해치우죠. 이보다 성능이 더 뛰어난 2세대 로봇을 개발 중이라고 하니 앞으로 얼마나 성능이 더 높아질지 기대됩니다. 하지만 어디까지나 '운동능력'을 표현하기 위한 연구였지, 실제로 일을 시키기 위한 연구는 아니었지요.

DRC는 그런 면에서 커다란 전환점이었습니다. 비록 대회를 위해 준비한 가상의 원전사고 현장이었지만 로봇이 스스로 자동차를 몰고 들어가고, 전동공구를 들어 벽에 구멍을 뚫고, 냉각수 밸브를 잠그고, 계단을 걸어 올라가는 등 여덟 가지나 되는 복잡한 과제를 모두 수행해냈습니다. 이로써 이제는 휴머노이드 로봇이 재난 현장에서 인간 대신 복구 작업을 할 수 있다는 기대를 갖게 됐지요. 재난현장이란 사람이 살고 있는 건축물의 붕괴, 화재 발생, 방사능 오염 등이 일어난 곳입니다. 이런 곳에서 활약하려면 사람처럼 생긴 인간형 로봇이 가장 적합해 크게 주목받게 된 것입니다.

즉 DRC 이후 인간형 로봇의 개발 방향은 '기계장치로 사람의 움직임을 구현해보자'는 기초과학적 연구 단계에서 벗어나, '재난 등 특수 분야에 실제로 적용해보자'는 방향으로 완전히 바뀌었습니다. 세계적 인간형 로봇 '아시모'를 개발한 일본 혼다 연구진도 최근에는 아시모 연구를 중단하고 재난구조용 휴머노이드 로봇 'E2-DR'을 개발해 공개한 바 있습니다.

휴머노이드 로봇이 각광받는 또 다른 분야는 우주탐사입니다. 사람이 접근하기 어려운 환경에 로봇을 먼저 보내 개척하겠다는 것이지요. 러시아 과학자들은 국제우주정거장(ISS)에서 인간 대신 우주선 조종 작업을 할 수 있는 휴머노이드 로봇 '스카이봇(Skybot) F-850'을 개발한 바 있습니다. 이 로봇은 정말로 ISS에서 여러 가지 일을 하고 있습니다. NASA도 '로보너트'라는 이름의 인간형 로봇을 ISS로 올려보내 여러 가지 일을 시키고 있습니다.

앞으로 인간형 로봇이 점점 더 많은 일을 할 수 있게 될 것은 자명합니다. 심해잠수부, 폭발물 처리, 부상자 구조 등 사람이 위험을 무릅쓰고 하는 많은 일들을 대신 해주는 날이 다가올 것으로

러시아 연구진이 개발한 휴머노이드 로봇 Skybot F-850

출처: Roscosmos

여겨집니다.

휴머노이드 로봇은 최근 몇 년 사이 다시금 새 전기를 맞이하기 시작했습니다. '해보니 되더라'는 자신감을 얻은 연구진들은 이제 '재난 구조 등 특수상황에서 일할 수 있는 로봇이라면 공장에서도 일을 할 수 있을 것'이라고 생각하기 시작했습니다. 이제는 수많은 회사에서 '몇 년만 더 연구하면 우리 공장에 휴머노이드 로봇을 투입할 수 있다'고 장담하는 단계에 이르렀습니다. 물론 공장에서 일을 하는 것과, 일상생활 속에서 인간의 심부름을 해주는 것은 전혀 이야기가 다릅니다. 하지만 많은 로봇기술이 공장에서 개발되어 현실로 넘어오는 것을 감안하면, 또 AI 기술이 적극적으로 개발되고 있는 지금의 상황을 생각하면, 이는 분명히 큰 변화입니다. 물론 기술 개발이 더 필요합니다. 하지만 특정 분야에서는 인간형 로봇의 실용화 가능성을 긍정적으로 평가하는 경우가 생겨나고 있습니다.

얼마 전 인간형 로봇 실용화에 대한 기대를 한층 더 높일 수 있을 만한 이벤트가 열렸습니다. 세계적 기술기업 테슬라는 지난 2021년 9월 30일 인공지능 기반 산업용 인간형 로봇을 개발하겠다고 선언했는데요, 휴머노이드 로봇을 산업에 활용하겠다고 장담한 것은 이번이 처음이라서 큰 화제가 됐지요. 이후 2022년 실험용 로봇 '범블비'를 공개했고, 2023년에는 그 업그레이드 버전 이라고 할 수 있는 '옵티머스'를 선보였습니다. 물론 범블비나 옵 티머스는 그 운동능력이 DRC에 출전했던 여러 고성능 로봇에 비 하면 상당히 초라했습니다. 로봇 전문가들의 비난도 많았지요. 하 지만 AI 기술과 연동하면서 점점 성능을 높이고 있기 때문에 앞으 로 큰 기대를 받고 있는 것도 사실이죠. 2023년 12월에는 성능과 안정성이 훨씬 높아진 '2세대' 옵티머스도 선보였습니다.

옵티머스의 장점은 AI 능력입니다. 차세대 AI 신경망 기술 중 하나로 꼽히는 심층신경망(DNN)을 적용해 복잡한 문제를 스스로 해결할 수 있게 만들었습니다. 장애물과 보행자를 쉽게 구분할 수 있고, 다양한 업무도 가능하지요. 슈퍼컴퓨터를 동원해 매일 수십 억 개의 정보를 학습하고 있어서 점점 더 똑똑해지고 있습니다. 테슬라의 최고경영자(CEO) 일론 머스크는 "3~5년 정도면 옵티머 스를 약 2만 달러(약 2,600만 원)에 시판할 수 있을 것"이라고 말하기 도 했습니다.

휴머노이드 로봇 개발을 완전히 실용화하려면 핵심 기술을 크 게 세 가지 정도로 볼 수 있을 것 같습니다. 첫째는 앞서 말한 대 로 '로봇이 일단 자기 몸을 가눌 수 있어야' 합니다. 걷고 달리고 뛰고 재주도 넘는 단계에 이르렀지만 그래도 부족합니다. 주위 상황을 파악하고, 만일 넘어지더라도 스스로 일어나고, 주변 환경을 망가뜨렸으면 복구까지 할 수 있어야 합니다. 이렇게 하려면 로봇의 기계장치만 잘 만들어선 안 됩니다. 그래서 두 번째 조건으로 '고성능 AI'가 꼭 필요합니다. 최근 기술의 눈부신 발전을 보면 이역시 꿈은 아닌 듯 보입니다.

마지막으로 세 번째 숙제는 '손'입니다. 적잖은 로봇 전문가들이 인간형 로봇 실용화의 걸림돌로 손을 꼽는데, 현재 볼 수 있는 인간형 로봇은 대부분 모양만 비슷할 뿐 기능은 크게 떨어지는 '안트로포모르픽(의인화)' 방식의 손을 달고 있습니다. 물건을 잡고, 옮기는 기능은 크게 떨어지는 '가짜 손'이죠. 만약 진짜로 물건을 들어야 한다면 그때는 그리퍼(집게형) 방식의 손을 달고 나오는 경우가 많습니다.

이 문제를 해결해 사람과 같은 손을 만드는 기술도 있습니다. 이른바 '덱스트러스(손재주)' 방식이라고 합니다. 그런데 이 일이 쉽지 않지요. 제대로 된 로봇 손을 만든다는 건, 여러 개의 관절로 구성된 기계 손가락 다섯 개를 유기적으로 제어하는 것입니다. 이는 공업용 로봇 다섯 대를 좁은 책상 위에 올려놓고 서로 협력해서 일하라고 시키는 경우와 비슷하죠. 더구나 사람의 손은 압력이나 온도, 촉각 등도 느낄 수 있는데, 이런 감각을 구현하기에 현재의 센서 기술은 턱없이 부족합니다. 따라서 로봇공학계에는 손만 전문으로 연구하는 사람들이 있을 정도죠.

인간형 로봇은 언제쯤 생활 속에서 우리를 대신해 여러 가지 일을 해줄 수 있을까요. 아직은 시간이 필요합니다. 하지만 기술적으로 많은 진보가 이뤄지고 있는 만큼 희망을 가져볼 만합니다. 사실 휴머노이드 로봇의 실용화는 필연적인 일입니다. 우리 주위 환경은 모두 사람이 움직이기 편하도록 설계돼 있습니다. 이런 곳에서 일하려면 두 다리로 걸으면서 두 팔로 일하는 방식 이외에는 생각하기 어렵지요. 아직은 기술이 부족하지만 우리는 기어이 똑똑하고 쓸모 있는 인간형 로봇을 만들 것으로 보입니다. 그때가 되면 우리의 삶이 얼마나 더 편리해질지 자못 궁금해집니다.

🤖 어디든 갈 수 있는 만능 일꾼, '네발로봇'

네발로봇은 발이 네 개 달려있어 강아지처럼 걸어 다니는 로봇을 말합니다. 구조적으로 볼 때 네발로봇의 쓸모는 휴머노이드에 비해 떨어질지도 모릅니다. 하지만 '걷는다'는 장점을 가장 빠르게 구현할 수 있는 형태의 로봇이어서 무엇보다 큰 기대를 얻고 있지요. 휴머노이드처럼 사람이 하는 일을 100퍼센트 대체하기는 어려운 형태지만, 상당히 많은 일을 사람 대신 해줄 수 있습니다. 무엇보다 기술 개발에 이미 성공한 분야라 빠른 실용화가 이뤄지고 있습니다. 휴머노이드 로봇이 우리 주변에 들어오려면 수십 년 이상 시간이 걸릴 걸로 보이지만, 네발로봇은 이미 비용만 지불하면 구입이 가능한 단계입니다. 추가적인 개발이 이뤄신나면 누구나 손쉽게 활용할 수 있는 만능형 로봇이 될 수 있겠지요.

이 로봇은 어디에 쓸 수 있을까요. 독일 유명 자동차 브랜드 'BMW' 그룹이 운영하는 영국 '햄스 홀 공장(Hams Hall Plant)'이란 곳이 있습니다. 자동차용 '엔진'을 전문적으로 만드는 곳이지요. 1,600여 명 직원이 근무 중인 BMW의 주요 공장 중 하나랍니다. 이곳을 방문하면 강아지처럼 생긴 로봇 '스팟'을 볼 수 있지요. 로봇기업 '보스턴다이나믹스'가 개발, 판매 중인 네발로봇입니다. BMW는 1년 전부터 스팟을 도입하기 위해 준비했다고 하더군요. 이 로봇에게 '스포토(SpOTTO)'란 애칭을 지어줄 만큼 사내에서 관심이 큽니다. 스팟이란 본래 이름에 BMW의 창립자 중 한 명인 '구스타프 오토(Gustav Otto)'의 성을 합쳐서 만들었다고 합니다.

스포토는 화상(카메라), 열(적외선센서), 소리(음향센서) 등을 두루 장착해 공장 내부 정보를 빠짐없이 수집할 수 있습니다. 공장 안에서 하는 첫 번째 일은 '순찰'이죠. 공장 내부의 유지·보수할 곳을 사전에 파악합니다. 두 번째 임무는 공장 곳곳을 카메라로 촬영해 영상 데이터를 확보하는 것입니다. BMW는 이런 영상을 모아 컴퓨터 속에 '가상 공장'을 만들 예정인데요, 이런 기술을 '디지털 트윈'이라고 합니다. 컴퓨터 속 가상 공장을 통해 실제 공장의 개선 방향을 파악하려고 하는 것이지요.

왜 스팟에게 이런 일을 맡기는 걸까요? 이런 일을 하려면 공장 구석구석을 빠짐없이 돌아다녀야 합니다. 그런데 공장 내부엔 계단이나 둔턱도 많고 길도 복잡해 굴러다니는 로봇으로는 한계가 있습니다. 스팟은 쉽게 넘어지지 않고, 만일 넘어져도 스스로 중심을 잡고 다시 일어나지요. 즉 어디든 안정적으로 갈 수 있는 '이동능력'과 동시에, 자기 몸도 충분히 가눌 수 있다는 말입니다.

스팟의 등장 이후 여러 기업체의 네발로봇 도입이 크게 늘고 있습니다. 스팟을 개발, 판매하는 기업 보스턴다이나믹스는 본래 미국 회사지만 우리나라 현대차그룹에서 인수했지요. 현대는 이후 그룹 각 분야에서 스팟을 빠르게 보급 중입니다. 2021년 9월부터 스팟을 기아 오토랜드 광명 공장 산업현장에 투입했는데, 이는 위험한 순찰작업을 맡기기 위해서입니다. 같은 해 현대차 공장에서 협력업체 사고로 직원이 숨진 것이 계기가 됐다는 이야기도 들

대표적인 네발로봇 '스팟'의 모습

출처: 보스딘디이나믹스

리네요. 현대건설도 빠르게 스팟을 도입, 현대차그룹의 글로벌비

즈니스센터(GBC) 건설 현장에 투입한 바 있습니다.

　다른 국내기업도 스팟 도입에 긍정적입니다. 우선 택배회사

'CJ대한통운'이 스팟을 택배 배송용 로봇으로 쓰기로 하고 실증

실험을 진행 중이랍니다. 반도체 기업 'SK하이닉스'도 반도체공

장에 안전관리에 스팟을 투입했으며, GS건설은 스팟을 각종 공사

현장에서 공사 품질을 관리하는 감리 로봇으로 쓰고 있습니다. 한

라그룹, 중흥건설도 스팟을 건설 현장에 안전 요원으로 쓰고 있고

요, 롯데건설도 3D 데이터 취득용으로 건설 현장에서 스팟을 쓰

고 있습니다. 포스코 광양제철소의 스팟 도입은 네발로봇의 활용

성을 단적으로 보여줍니다. 뜨거운 열기가 쏟아져 나와 인간이 작

업하기에 위험이 따르는 '고로' 주변 안전순찰을 스팟에 맡겼다고

합니다. 각종 센서를 몸에 붙이고 고로로 다가가 송풍구의 적열 상태, 가스 유출, 냉각수 누수 여부 등을 점검하는데요, 44개 송풍구 점검에 40분이면 충분해 사람 못지않은 작업 속도를 보여주죠.

네발로봇이 이처럼 주목받는 것은 앞서 이야기한 것처럼 '걸어다닐 수' 있기 때문입니다. 이 조건이 다른 이동형 로봇과 비교할 수 없을 정도로 큰 장점이 될 수 있습니다. 물론 매끈한 도로가 깔린 환경에서 빠르게 달려나갈 때는 자율주행차가 훨씬 유리합니다. 하지만 복잡한 지형지물을 극복하고 어디든 이동하려면 바퀴로는 한계가 있지요. 로봇이 걷는 방법은 둘 중 하나입니다. 사람처럼 두 발로 걷거나, 강아지처럼 네 발로 걷거나죠. 휴머노이드 로봇이 걸으면서 손으로 일을 할 수 있는 장점이 있습니다만, 이동능력 면에서는 아무래도 네발로봇에 비해 떨어집니다.

네발로봇은 본래 군사용으로 개발이 시작됐습니다. 탄약이나 포탄을 등에 싣고 험난한 전장을 누비려면 네 발로 걷는 로봇이 최적이기 때문이죠. 보스턴다이나믹스가 미국 해병대 전투연구소(MCW Lab)의 과제를 받아 연구를 시작했는데요, 그 이후 20년 이상 지속해서 성능을 높여 왔습니다. 빅독, LS3, 와일드캣 등 여러 종류의 연구용 네발로봇을 거쳐 최종적으로 상용화된 모델이 스팟이랍니다. 현재 산업체에서 '믿고 신뢰할 수 있는 네발로봇'을 꼽으라면 스팟이 1순위를 차지합니다.

물론 찾아보면 스팟 이외에 다른 네발로봇도 많습니다. 많은 로봇 개발자들이 보스턴다이나믹스의 뒤를 이어 네발로봇 실용화에 나서고 있지요. 이탈리아기술연구소(IIT)의 '하이큐리얼(HyQReal)', 스위스 취리히연방공대(ETH)의 '애니멀(AnyMal)' 등이 유명한 네발로봇입니다. 국내 기업 중에선 '레인보우로보틱스'가 개발한 'RQB' 시리즈가 잘 알려져 있습니다. 국내 방위산업체 'LIG넥스원'은 미국 네발로봇 개발기업 '고스트로보틱스'를 지난 7월 인수하고 해당 사업에 뛰어들었답니다.

네발로봇의 가격은 얼마나 할까요? 스팟의 대당 가격은 1억 원 상당으로 상당한 고가입니다. 하지만 조금 눈높이를 낮추면 저가 모델도 찾을 수 있습니다. 일례로 중국 '유니트리(Unitree)'에서 개발한 소형 네발로봇 'GO2' 모델은 600만 원 정도면 살 수 있습니다. 스팟처럼 복잡한 활용은 어렵지만 무선 조종을 통한 순찰 등에 활용할 수 있답니다.

이제는 이런 기술이 사회 곳곳으로 퍼져나갈 것으로 기대됩니다. '어디든 갈 수 있다'는 장점을 살리면 활용가치는 얼마든지 찾을 수 있으니까요. 코로나19 때는 스팟이 '의료용 도우미 로봇'으로도 쓰였답니다. 2020년 4월 당시 미국 보스턴의 '브링엄 앤 우

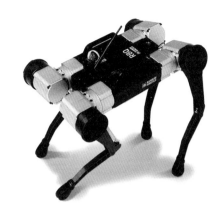

레인보우로보틱스가 개발한 네발로봇 RQB

출처: 레인보우로보틱스

먼스' 병원 의료진이 이 로봇을 환자 검사과정에 투입했지요. 로
봇의 머리 부분에 태블릿 PC를 붙여 환자와 의사가 원격으로 대
화를 하도록 돕는 일을 했습니다.

가까운 미래에는 일상생활에서도 네발로봇을 쉽게 볼 수 있을
것 같습니다. 높은 산을 등반할 때 짐을 지고 따라올 수 있는 로봇
은 네발로봇 이외의 대안을 찾아보기 어렵죠. 소형 사족보행로봇
은 도심용으로도 사용하기 쉽습니다. 공항, 쇼핑센터, 캠핑장, 골
프장 등 일상생활 공간에서 운송용 로봇으로 가치가 커 다양한 분
야에서 상용화를 준비 중이랍니다. 이처럼 네발로봇의 실용화는
이미 시작됐습니다. 가까운 시간 안에 누구나 승용차처럼 네발로
봇을 구매해 사회 곳곳에서 쓰일 날이 오기를 기대해봅니다.

AI와 로봇은
일자리를 빼앗는 존재일까

로봇과 AI가 합쳐지면서 생겨나는 우려는 여러 가지가 있습니다. 이는 두 가지로 구분할 수 있을 텐데, 그 첫째는 '인간의 통제를 벗어나는 것'. 즉 인간에게 반항하는 상황에 대한 것입니다. 사실 여기에 대해 꺼림칙하게 생각하는 사람은 많지만, 실제로 이런 상황을 현실에서 걱정하는 사람은 그리 많지 않지요. 하지만 또 다른 하나에 대해서는 많은 사람들이 현실적으로 큰 우려를 나타냅니다. 그것은 'AI와 로봇기술로 무장한 자동화 서비스가 생산시장을 잠식하면 어쩌지' 하는 것입니다. 즉 '로봇'이 평범한 직장인들의 '직업 안정성'을 빼앗아 갈까 봐 걱정된다는 것이지요.

AI 및 로봇기술이 적극적으로 도입되던 2010년대 후반~2020년대 초반에는 이 주제가 대단히 우려스럽게 다가왔습니다. 이 당시만큼은 아니지만, 지금도 여전히 '사라질 직업'이라는 주제의 분석이 심심찮게 등장하죠.

그래서 과거 예측이 정말 맞나 싶어서 한 번 검색을 해봤습니다. 기억에 남는 것은 2014년 미국 경제지 〈비즈니스 인사이더〉에서 발표한 예상입니다. 2014년이면 이 책을 쓰고 있는 2024년에서 정확히 10년 전인데요, 당시 〈비즈니스 인사이더〉는 여러 가지 방법으로 조사 및 분석한 결과 '20년 안에 로봇이 대체할 가장 유력한 업무는 텔레마케터'라고 밝혔습니다. 당시 발표에 따르면 회계와 감사 업무, 대형마트의 판매 사원과 컴퓨터 전문용어를 쉽게 풀어 집필하는 테크니컬라이터도 20년 안에 없어질 직종 3, 4위에 올랐죠. 부동산 중개인과 타이피스트, 기계제작기술자(machinist), 항공기 조종사, 경제전문가도 로봇자동화 기술 탓에 20년 안에 없어질 가능성이 높은 것으로 나왔었습니다.

그 당시로부터 지금은 이미 10년이 지났습니다. 그렇다면 지금쯤은 이 직종에서 일하는 사람 중 어느 정도는 실제로 영향을 받기 시작해야겠지요. 그런데 실제로 이 일자리에 일하는 사람 중, 본인은 일하고 싶고 역량도 타인과 비교하면 월등한데도 'AI와 로봇' 때문에 일자리를 빼앗긴 사람은 찾기 어려워 보입니다. 텔레마케터는 다른 조사결과에서도 수없이 자주 등장하는 '사라질 직종'으로 꼽혀왔습니다만, 일자리 매칭 사이트에 들어가 보면 여전히 수없이 많은 텔레마케터 구직 공고를 볼 수 있습니다. 업무가 고되어서 하고자 하는 사람의 숫자는 점점 줄고 있는데, 기업의 인력 수요는 그보다 더디게 줄어들고 있기 때문입니다. 앞으로 다시 10년이 더 지나보아야 명확해지는 문제이긴 합니다만, 이 정도 흐름이라면 〈비즈니스 인사이더〉의 예측은 틀렸을 가능성이 대단히 높다고 할 수 있을 것 같습니다.

그렇다면 비교적 최근 발표된 예측을 찾아볼까요. 2024년 가장 많이 인용되고 있는 직업군 변화 예측은 2023년 한국은행이 발간한 'AI와 노동시장 변화' 보고서일 텐데요, 이 보고서는 'AI 기술 발전에 따른 수행 가능 업무'를 식별하고, 직업별로 해당 업무에 얼마나 집중돼 있는지를 분석해 AI 노출지수를 파악하는 식으로 조사됐습니다. 그 결과 화학공학 기술자, 발전장치 조작원, 금속재료 공학 기술자 등이 노출지수가 높은 것으로 나타났죠. 이런 일자리가 대용량 데이터를 활용해 업무를 효율화하기 적합한 공통점이 있었다는 것입니다. 놀라운 건 일반 의사(상위 1퍼센트 이내), 전문 의사(상위 7퍼센트), 회계사(상위 19퍼센트), 자산운용가(상위 19퍼센트) 등의 노출도도 높게 나타났다는 것입니다. 즉 AI가 비반복적, 인지적 분석 업무를 대체하면서 이들 일자리에 타격을 줄 것이란 예측이었죠. 언제라고 시기를 못 박지는 않은 것은 현명해 보입니다.

사실 분석을 그대로 해석해 '의사는 사라질 일자리'라고 해석하는 건 무리한 판단으로 보입니다만, 안타깝게 이 보고서가 발표되자 많은 기자가 '의사도 미래엔 사라질 직종'이라고 기사를 썼지요. 필자도 기자로 일을 해왔습니다만, 이런 식의 제목을 잡는 친구는 뭐라고 한 마디 해주고 싶은 마음이 큽니다.

의사는 병원에 들어가면 환자를 진찰하고, 검사를 진행하고, 적절한 처치와 시술을 하고, 필요하면 약을 처방하거나 수술을 해 환자를 낫게 하는 일련의 과정을 모두 종합적으로 운영해야 하는 전문가입니다. 이런 일은 전문성과 함께 고도의 자아가 필요하므로 로봇이나 AI로 대체가 대단히 어렵다고 할 수 있습니다. 그런데 이런 과정을 모두 간과한 채 업무의 기술적 노출도만을 따져 'AI와 로봇으로 의사가 사라질 것'이라고 기사를 쓰는 건 과도한 해석이라고 밖에 볼 수 없습니다. 그보다는 '의사의 업무 중 상당수는 AI와 로봇을 이용해 편리하게 바뀐다'고 해석하는 것이 자연스럽지요.

물론 의사 직군 내에서도 일자리의 비중이 변할 것입니다. 의사 한 사람이 해야 하는 업무가 한층 편리해지고 효율적으로 바뀐다는 말은, 적은 수의 의사로도 많은 환자를 치료하며 병원을 유지할 수 있게 된다는 뜻이니까요. 즉

의사가 사라진다는 뜻이 아니라, 특정 과의 의사 숫자는 줄어들 가능성이 있고, 다른 특정 과의 의사는 현상을 유지하거나 도리어 숫자가 늘어날 수도 있습니다. 예를 들어 검사결과를 종합하고 판단하는 내과, X레이 영상이나 자기공명영상(MRI), 컴퓨터단층촬영(CT) 영상 등을 살펴보고 진단을 내리는 영상의학과, 조직 슬라이드를 들여다보고 병명을 확정하는 '병리과' 등은 많은 업무에서 AI와 로봇의 도움을 받을 수 있게 됩니다. 따라서 효율이 올라가게 되며, 같은 일을 더 적은 수의 사람이 할 수 있게 되지요. 반대로 사람을 직접 손으로 치료하는 외과 등의 경우 대체가 상당히 어렵습니다. 의사의 손재주를 흉내 낼 정도로 고도의 AI는 아직 등장한 바 없기 때문이지요. 물론 수술용 로봇이 존재합니다만, 그 수술용 로봇 역시 사람이 손으로 조종하는 도구입니다. 사람이 바뀌면 수술 결과가 달라지지요. 의사마다 그 로봇 도구를 사용하는 손재주가 다르기 때문입니다.

더구나 이런 분석에서 간과되는 부분이 있는데, 로봇과 AI의 등장으로 영향을 받는 일자리에 대해서만 이야기를 하고, 앞으로 생겨날 일자리에 대해서는 언급이 거의 없다는 사실입니다. 예를 들어 병원에 AI 기술을 접목한 최신형 수술 로봇이 도입됐다고 가정해봅시다. 그럴 가능성은 대단히 낮을 것 같지만, 이 로봇의 성능이 너무나 뛰어나 병원 안에 10명뿐인 외과의사 중 2명이 병원을 그만두게 됐다고 가정해보겠습니다. 그리고 이런 병원이 전국에 100개가 있어서 모두 200명이 구조조정을 당한다고 가정해봅시다. 그럼 전체적으로 일자리는 200개가 줄어든다고 보아야 할까요. 현실은 그렇지 않다는 것을 모두 알고 있을 것입니다. 그만한 로봇을 연구하고, 설계하고, 개발하고, 공장에서 생산하고, 납품하고, AS하는 많은 직원들의 숫자는 전혀 고려되지 않았습니다. 더구나 이렇게 산업이 정착되면 눈에 보이는 일자리 숫자에 그치는 것이 아닙니다. 그 공장에서 제품 생산을 위해 반도체, 모터, 금속프레임, 전선 등 수많은 부품을 구입해야 하는데, 이런 물건은 또 다른 공장에서 만들어주는 것입니다. 그리고 그곳에도 어떤 형태로든 인력이 필요합니다. 즉 이 모든 경제효과가 의사 200명이 만들어내는 경제효과보다 적으리라고 판단되지는 않는다는 뜻입니다. 심지어 이런 로봇을 연구, 개발하는 과정에서도 의사 인력이 필요하고, 이런 로봇을 테스트하는 전문가도 의사인 경우가 많겠지요. 세상은 모두 얽혀 있으며, 모두 함께 좀 더 효율적인 방향을 찾아 움직여나 갈 뿐이라고 할 수 있지 않을까요.

세상에 새로운 산업이 등장하면 '직업의 숫자'는 더 늘어납니다. 예를 들어 어떤 외딴 마을에 처음으로 상수도 서비스가 시작됐다고 가정해봅시다. 그 다음엔 어떤 일이 벌어질까요. 그 상수도의 수질을 관리하는 사람, 수도관을 고치는 사람, 수도요금을 받으러 다니는 사람 등 수없이 많은 직업이 생겨납니다. 이 과정에서 일부 직군이 영향을 받을 수 있습니다. 그 마을에서 양동이에 물을 받아다 팔던 '물장수'는 어쩌면 일자리를 잃게 될 수도 있지요. 하지만 그 사람이 그 일자리가 없어진 것을 과연 슬퍼할까요. 계속해서 힘들게 물을 길어다 파느니, 수도관 정비 일을 새로 배우는 편이 일도 더 수월하고 돈도 더 많이 벌 수 있다는 것을 조금만 생각해보면 본인 스스로도 알 수 있는 일인데 말입니다.

이 사례는 앞서서 이야기했습니다만, 다시 예로 들어 보려고 합니다. 로봇이 가상의 원전사고 현장에 걸어 들어가 공장밸브를 잠그고, 탈출하는 기술을 겨루는 '다파로보틱스챌린지(DRC)'는 2015년 최종 본선 대회가 진행됐습니다. 그리고 최종 결선에서 우리나라 한국과학기술원팀이 우승했습니다. 3년에 걸쳐 이 대회의 진행을 취재했던 필자로서는 감회가 컸지요. 현장에서 본 로봇의 성능은 어설프고 답답한 부분이 많았지만 충분한 가능성은 보였습니다.

그런데 만약 더더욱 기술이 발전해, 전 세계 로봇 전문가들이 고성능 재난구조 로봇을 개발하는 데 결국 성공했다고 가정해봅시다. 이 로봇이 능숙한 구조대원 한 사람 몫을 충분히 해낼 수 있는 기술력을 마침내 확보했다고 생각해보자는 겁니다. 그렇다면 이런 로봇 한 대가 도입된 만큼, 소방서 구조대원 한 사람이 일자리가 사라질 뿐이라고 생각할 수 있을까요?

그럴 가능성도 낮아 보입니다만, 정말 기술이 고도로 완성됐다고 하면 아마 로봇 한 대당 구조대원 한 사람의 일자리는 대체될 수 있을 것입니다. 그런데, 이런 로봇 한 대를 유지하고, 운영하며, 사고현장에서 조종하려면 실제로 몇 사람이 필요할까요? DRC 대회 당시, 주최 측인 '미국 국방성 방위고등연구계획국(DARPA)'은 너무 많은 인원들이 몰려들까 염려돼 각 참가팀의 인원수를 제한했는데, 40명을 넘어서는 안 됐습니다. 즉 로봇 한 대가 구조대원 한 사람 몫을 하게 만들기 위해 동원된 석·박사급 엔지니어 숫자가 40명이었다는 말입니다. 방사능으로 가득한 위험한 현장에 사람 대신 로봇을 투입할 수 있게 되었을 뿐, 들어가는 인력은 오히려 40배로 늘어난 것입니다. 물론 기술력이 높아질수록 필요한 사람의 숫자는 점점 줄어들겠지요. 어쩌면 최종적으로는 서너 명 이하로 줄어들지도 모릅니다만, 그래도 구조대원 한 사람보다는 많은 사람이 일자리를 얻은 셈입니다. 이런 로봇을 만들고, 판매하고, 배달하고, 또 개발하는 회사의 인력은 아직 계산하지 않은 것입니다.

로봇과 AI는 정말로 사람의 일자리를 빼앗는 존재일까요. 아니면 더 많은 일자리를 만들어주는 존재일까요. 물론 직업과 직군, 사회상황 등 여러 변수에 따라 달라집니다. 미래가 되면 또 어떤 변수가 있을지 누구도 알 수 없지요. 다만 한 가지 확실한 건, 지금 세상에서 이야기하는 '일자리 위기론'의 상당수는 너무도 부풀려져 있다는 사실입니다.

3장

로봇의 시대,
주역은 누구인가

인간의 지능이 가진 특별한 점은 무엇일까요. 첫째로 다른 어떤 동물에게서도 찾아볼 수 없는 고도의 자아를 갖고 있는 점을 꼽을 수 있을 것 같습니다. 이 자아로 인해 다양한 지능적 현상이 생겨나는데, 우선 어떠한 일을 반드시 해내고 말겠다는 '의지'가 생겨납니다. 스스로의 자아를 성취하기 위해 욕심이 생겨나고, 목적의식을 갖게 되지요. 이 때문에 인간은 이기적이며, 또 이타적이라는 모순적 성격을 갖게 됩니다. 이는 모두 저마다 다른 삶의 목적, 그리고 그 목적을 달성하기 위한 개개인의 전략적 취사선택에 다름 아니라는 형태로 설명이 가능하겠지요.

둘째로 이성과 감성의 조화가 가능하다는 점을 꼽을 수 있을 것 같습니다. 거의 모든 동물들 중 유일하게 인간만이 이성에 입각해 판단을 합니다. 손익을 계산한 후, 당장의 손해가 있어도 미래에 이익이 예상되면 이를 감내할 수 있는 특이한 사고를 하기도 합니다.

반대로 로봇은 인간과 정반대입니다. 앞서 이야기했듯이 로봇의 두뇌는 AI이지요. 이는 철저하게 계산에 따라 움직입니다. 어느 정도 사용자를 위한 '감성적인 반응'은 가능하겠지만, 이는 어디까지나 학습된 결과에 따라 기계적으로 반응하는 인공적인 것이지요. 스스로의 존재를 인지하지 못하는 만큼 욕심도, 목적의식도 존재하지 않으며, 업무에 있어서 앞으로 나아갈 방향 등을 주도적으로 판단하지 못합니다.

즉 인간은 동물이 갖지 못한 이성을, AI로봇이 갖지 못하는 감정을 모두 갖고 있는 유일무이한 존재라고 정의할 수 있습니다. 이 점은 로봇의 시대, 주역으로서 반드시 자각해야 하는 문제라고 생각됩니다. 앞으로 다가올 시대에는 이와 같은 '인간만의 특성'을 최대한 이용하는 사람만이 시대의 강력한 주역으로 자리매김할 것이기 때문입니다. 이성만을 추구하는 인간, 감성만을 생각하는 인재를 넘어, 튼튼한 이성 위에 강력한 언어능력과 공감능력, 감성으로 무장한 이른바 '통합형' 인재들의 시대가 성큼 다가오고 있습니다.

AI+로봇을 업무에 활용하는 방법

조금만 깊게 생각해보면 'AI'라는 말은 상당한 어폐가 있다는 것을 알 수 있습니다. 동물이 지능을 가지고 있는 것은 두뇌를 포함한 온몸을 연결하는 신경계를 갖추고 있기 때문입니다. 그 신경계 속에서 전기 화학작용이 이뤄지며 뇌뿐 아니라 온몸의 신경, 근육 장기 등이 유기적으로 움직입니다. 그러니 인간을 비롯한 모든 동물은 무엇을 배울 때 반드시 신체활동이 수반하지요. 시신경, 청각 등은 기본이며, 나아가 근육이나 피부를 통해서도 지식을 얻습니다. 이렇게 여러 감각을 통합해 얻어낸 지식을 업무에 적용합니다.

그런데 AI와 로봇 시스템의 학습은 그런 식으로 이뤄질 수 없고, 업무도 사람과 같은 형태로 이뤄질 수 없습니다. 컴퓨터 속에서 수학적 연산, 주로 미분 과정을 통해 학습하고, 통계적으로 결론을 내린 다음, 거기에 맞춰 모터 등을 제어해 기계장치를 움직이고 있을 뿐입니다.

자동차 운전을 하는 사람이 있다고 가정해볼까요. 이 사람은 운전을 하면서 눈으로 주위를 살피고, 동시에 귀로 소리를 들으며 도로 상황을 파악합니다. 운전대를 잡은 손으로 진동을 느끼고, 발끝의 감각으로 미세하게 액셀과 브레이크를 조작하지요. 최고의 고성능 AI를 탑재한 자율주행자동차는 카메라와 레이더, 라이다(레이저 거리측정 장치), 초음파 장치 등 다양한 센서의 도움을 받아 인간 이상으로 운전을 잘할 수 있을지 모릅니다. 하지만 인간이 운전을 잘하는 것과, AI가 운전을 잘하는 것은 그 접근 방법이 전혀 다를 수밖에 없습니다. 이처럼 AI는, 인간이 가진 진짜 '지능'과 AI가 그 성격이 전혀 다른, 별개의 개념이지요.

왜 이런 이야기를 하느냐 하면, 새로운 시대에 우리가 어떻게 살아야 할지 그 대책을 세울 수 있기 때문입니다. 사람의 생각과 AI의 판단, 사람의 행동과 로봇의 행동은 기본적으로 차이가 있을 수밖에 없습니다. 이 차이를 명확히 알면, 새로운 시대에 우리 인간이 해야 할 일도 알 수 있겠지요.

🤖 '자아'와 '의지'가 무엇보다 중요한 이유

일단 사람이 지능을 가지고 있다는 것은 명백하다고 이야기할 수 있을 것 같습니다. 그렇다면 사람과 유전적으로 가장 흡사한 동물로 꼽히는 '침팬지'는 지능이 있을까요? 인간 다음으로 똑똑한 동물이라 불리는 돌고래는 어떨까요? 인간의 친구인 개나 고양이는 또 어떨까요? 여기까지 이야기하면 대부분은 '그 정도면 그래도 지능이 있다고 이야기해야 할 것 같다'고 답하는 경우가 많습니다. 그렇다면 조금 더 내려가 보지요. 소나 말, 돼지는 어떨까요? 닭은 어떻습니까? 아예 곤충까지 내려가보면 어때요? 개미나 꿀벌은 지능이 있을까요, 없을까요? 곤충의 행동을 보고 있으면, 결코 소나 말, 돼지, 닭과 비교해 지능이 그리 떨어지지 않는다고 여겨집니다.

이들은 고도의 건축기술을 가지고 있고, 철저히 계급화, 분업화된 사회 시스템도 갖추고 있습니다. 숫제 생명체로도 구분되지 못하는 바이러스조차 그 행동이 대단히 똑똑합니다. 바이러스는 사람의 몸에 침입한 다음, 인간 세포 속 '핵'에 침입해 유전자 구조까지 바꿔내는 능력을 갖췄습니다. 지구상의 모든 동물 중 가장 고도의 지능을 가졌다고 자부하는 인간조차도, 이는 불과 수년 전까지는 불가능했던 일이었습니다. 과연 어느 단계에서부터 지능이고, 어느 단계에서부터 단순한 본능일까요? 그 차이를 우리는 학술적으로 구분할 수 있을까요?

AI를 중심으로 이뤄지고 있는 새로운 사회의 변화에 대해 우리는 정확하게 이야기하지 못합니다. 즉 인간들은 지능이 무엇인지도 명확히 구분하지 못한 상태에서, '지능을 만들었다'고 단정하고 있는 겁니다. 알지도 못하는 것을 만들었다는 말은 논리적으로 앞뒤가 맞지 않지요. 지금 전 세계의 수많은 연구자가 달려들어 조금이라도 성능을 더 높이고자 매진하고 있는 이 '인공'의 지능은 진짜 지능이 맞을까요?

이런 다소 철학적 문제에 대해 답을 할 수 있는 사람은 많지 않습니다. 하지만 명확한 것은 하나 존재하는데, AI의 원리는 사람(혹은 고등동물)이 가진 '진짜 지능'과는 완전히 별개의 것이라는 것입니다. 개인적으로 'AI'를 섣불리 '지능'이라고 부르는 것을 그리 달가워하지 않는 이유입니다. 자율적 연산 시스템, 자동화 판단 시스템 등 조금만 생각해보면 붙일 수 있는 이름이 대단히 많은데도 사람들은 애써 'AI'라는 단어를, 그것도 조금이라도 더 많이 사용하려고 합니다. 그편이 자신들이 개발하고 있는 기술이 좀 더 멋들어지고, 좀 더 강력해 보일 거라고 생각하는 것 같기도 합니다.

사실 이 '지능'이라는 단어는 대단히 많은 부작용을 일으켜왔지요. 아무튼, 지능이라는 단어가 들어가니, 인간이 가진 지능과 큰 차이가 없다고 여기는 사람들이 적지 않습니다. 한발 더 나아가 'AI를 계속 연구하다 보면 결국 인간처럼 자아를 갖게 될 것'이라고 단정하여 거부감을 갖는 사람들도 많이 생겨났지요. 최신 AI나 로봇 연구 성과가 나왔다는 뉴스를 검색해보고, 그 밑에 달리는 댓글 몇 개만 읽어보면 이런 생각을 하는 사람이 엄청나게 많다는 것을 금방 알 수 있습니다. '무서우니 (연구를) 그만하면 좋겠다'고 이야기하는 사람을 수없이 보게 됩니다.

AI가 인간 지능만 못하다는 이야기가 아닙니다. 실제로 AI는 막강합니다. 사람의 지능과 결이 다를지언정, 그 나름의 강력한 기능을 갖고 있기 때문입니다. 예를 들어 새도 하늘을 날고, 비행기도 하늘을 납니다. 최고속도, 최대이륙중량 등 수치적인 면에서 비행기가 압도적입니다. 하지만 새가 하늘을 날 때는 비행기로는 도저히 흉내 내기 어려운 자유로움이 있습니다. 날개를 퍼덕이며 하늘을 자유로이 오가는 능력은 비행기로는 도저히 흉내 내기 어렵지요. 원리 자체가 다르기 때문입니다. AI도 마찬가지입니다. 고성능 AI가 등장한다고 해서 인간의 지능이 쓸모없어지는 것은 결코 아닙니다.

AI, 그리고 로봇 시스템의 특징을 올바르게 이해하고 있지 못하는 사람이 흔히 범할 수 있는 오류가 어떤 일을 얼마만큼 기계로 대체할지를 알지 못하는 것입니다. 그러니 AI에 시키면 손쉽게 끝낼 수 있는 일을 사람이 수작업으로 하면서 긴 시간을 잡아먹거나, 반대로 AI와 로봇 시스템으로 대체가 어려운 일을 억지로 기계에게 맡기려다 보니 많은 돈과 시간을 낭비하고 효과는 효과대로 보지 못하는 경우도 생길 수 있습니다.

예를 들어 편의점을 운영한다고 가정해봅시다. 여기서 AI, 혹은 AI를 접목한 로봇 시스템을 최대한 도입하는 것이 과연 사장님 입장에서 옳은 것일까요? 현재 생각할 수 있는 AI 편의점 운영 시스템의 '끝판왕'은 아마도 'AI 무인 편의점'일 것입니다. 처음에는 기업들도 이 시스템을 도입하려고 했습니다. 현대백화점 그룹은 미국의 아마존웹서비스(AWS)와 협업해 '언커먼스토어'를 2021년 초 오픈했는데, 매장에 직원이 없어도 방문객이 구매한 물건을 가게 내에 설치된 각종 센서를 통해 감지하고, AI가 정확히 결제합니다. 고객은 입구에서 신용카드를 등록한 다음 매장에 들어가서 물건을 그냥 들고 나오면 됩니다. 그러면 매장 안에 설치한 카메라, 매대의 전자저울 등의 각종 센서를 통해 AI가 어떤 고객이 어떤 물건을 들고 나갔는지 판단하게 되고, 등록한 신용카드로 자동

현대백화점에 연 무인 편의점 언커먼스토어

출처: 현대백화점

결제가 됩니다. 현대뿐 아니라 이마트24, CU, 세븐일레븐 등 주요 편의점도 여기에 질세라 앞다퉈 다양한 무인판매 기술을 선보였지요.

이렇게 하면 처음에는 신기했습니다. 그런데 실제로 현실은 다소 거리가 있습니다. 왜냐하면 AI나 로봇기술이 아직 완전하다고 보기 어렵기 때문입니다. 진짜 제대로 된 시스템이 갖춰진 매장이라면 이용자가 일절 불편함을 겪지 않아야 하는데, 실상은 그렇지 않지요. 우선 매장 입장부터 어렵습니다. 스마트기기 사용이 편리하지 않은 사람은 매장 안으로 들어가기도 어렵지요. 커먼스토어는 우선 고객이 '현대백화점 앱'을 자신의 스마트폰에 설치해야 하고, 그 다음에 거기에 신용카드를 반드시 등록해야 합니다.

주류자판기가 설치된 매장도 있는데, 성인인증이 가능한 패스(PASS) 앱이 설치돼 있어 이것으로 술을 사는 사람이 성인인지 증명해야 합니다. 즉 스마트폰을 갖고 있고, 그것을 능수능란하게 쓸 줄 알아야 하며, 신용카드도 갖고 있는 사람만 매장에 들어갈 수 있는 것입니다. 누구나 들어와서 자유롭게 물건을 구경하다가 집어나가도록 해도 장사가 잘 될까 우려해야 할 편의점 사장님 입장에서는 치명적인 단점입니다.

무인 편의점은 초기 비용도 문제가 됩니다. 일반적인 편의점 점주가 직접 여러 가지 장비를 설치해 직접 무인 편의점을 꾸미는 것은 사실상 불가능한 일이지요. 특출난 정보통신기술을 갖춘 전문가라면 모르겠지만, 그런 사람이라면 편의점을 직접 운영하는 일은 아마 거의 찾아보기 어려울 것 같습니다. 따라서 전문업체의 도움을 얻어야 하는데, 수십여 대에 달하는 AI 카메라를 설치해야 하고, 수백 개가 넘는 무게감지 센서를 준비해서 상품 매대마다 설치해야 합니다. 그 다음 이런 것들을 모두 하나로 연결하고, 고성능 컴퓨터에 연결해 잘 설계된 AI 프로그램을 설치해 통제해야 하지요. 이런 것들은 모두 가격이 아주 비쌉니다.

그렇지만 초기 비용이 좀 들더라도 일단 한 번 편의점을 차리면 계속 직원 월급을 아낄 수 있으니 결국은 이익이지 않을까요? 불행하게도 현실은 그마저도 아닙니다. 매장을 관리하는 데 의외로 손이 많이 가기 때문입니다. 무인매장에는 같은 상품의 제품이 많이 진열되어 있지 않습니다. 현대 언커먼스토어에는 한 종류의 상품이 일반매장보다 훨씬 적게 진열돼 있었고, 세븐일레븐이 만든 무인 편의점 'DT 랩 스토어'에는 종류별로 한 개의 상품만 진열돼 있습니다.

이 말은 누군가 상품을 집어가면, 직원이 즉시 그 자리에 다시 상품을 가져다 놔야 장사를 할 수 있다는 뜻입니다. 더구나 스마트기기 사용이 불편해 당황하는 손님들에게 일일이 어떤 앱을 설치하고 어떻게 출입해야 할지 알려주는 등 고객에 도움을 주는 것이 필수라는 점을 생각하면, 매장당 한 사람 이상의 직원을 배치하는 건 반드시 필요해 보입니다. 무인 편의점에 사람이 있어야 하고, 심지어 그 직원이 일반 편의점에 있는 직원보다 더 바빠 보인다는 이야기까지 들릴 정도입니다.

더구나 기껏 비싼 비용을 들여 설치한 각종 AI 제품의 수명도 그리 긴 편이 아닙니다. 각종 센서 종류는 길어도 몇 년 정도이지요. 무게 센서는 정밀도가 중요하기 때문에 길어도 2~3년 정도로 보는 편이 타당합니다. 즉 2~3년마다 대대적인 비용을 들여 매장을 유지 보수해야 하는데, 들어가는 인건비는 그대로이고, 하는 일은 더 복잡해졌으며, 고객 숫자는 훨씬 더 줄어들 여지가 큽니다. 이런 문제 때문일까요? 언커먼스토어 1호점은 2024년 10월 현재도 어찌 운영이 되고 있습니다만, 곧 만들 거라던 2호점은 3년이 훌쩍 넘어가는 지금도 감감무소식입니다.

물론 이런 문제는 앞으로 기술이 더 발전하면 해결될 것입니다. 언젠가는 무인 편의점 방식이 대세가 될 가능성도 큽니다. 여기서 하고 싶은 말은, AI를 도입할 때 그 특성을 고려해 최적의 효율을 고민한 다음에 하지 않고 '최신 시스템이니 더 좋겠지'라고 생각하면 이런 큰 낭패를 볼 수 있다는 이야기입니다.

그렇다면 우리는 AI와 로봇 시스템을 어떻게 도입해야 할까요? 현재의 사회 시스템이 빈틈이 많아 보일 수 있지만, 수천 년 이상 인류가 쌓아온 것으로 가장 검증된 체계입니다. 물론 나라마다 차이가 조금씩 있습니다만, 어느 나라나 관공서, 군, 경찰, 소방, 교통체계 등이 다 비슷한 것은, 이 이상의 시스템을 찾기 어렵다는 의미이기도 합니다.

따라서 어떤 획기적인 기술적 변화가 일어나, 그 변화가 충분히 과거의 시스템을 대체할 수 있다고 검증되지 않는 한, 현대의 시스템을 기본으로 삼는 것이 안정적입니다. 만약 AI와 로봇 시스템을 도입함으로 인해 기존 체계를 유지하면서도 효율이 올라가는 상황이라면 적극적으로 도입하면 좋을 수 있습니다. 예를 들어 매장의 크기가 비교적 커 두 사람 이상의 직원이 상주해야 하는 편의점의 경우, 몇 개의 기계를 AI가 장착된 자동판매기로 교체하고, 매장의 재고관리 프로그램 등을 AI 기능이 덧붙여진 것으로 교체하기만 해도 들어가는 인력은 크게 줄어들 겁니다. 패스트푸드점에서 키오스크(Kiosk) 등의 자동주문 시스템을 도입하는 것이 대표적인 사례겠지요. 이렇게 하면 매장 직원은 다른 업무에 집중할 수 있으니, 적어도 한 사람 분의 인건비를 아낄 수 있게 됩니다.

그렇다면 어떤 부분에서 사람을 도입하고 어떤 부분에서 AI를 도입하면 될까요. 매장마다 다르니 일괄적으로 이야기하기 어렵지만, 반드시 이야기하고 싶은 것은 '자아'나 '의지'가 필요한 경우가 어떤 경우인지 생각해봐야 합니다. 이런 부분을 인간이 아닌 존재에게 일을 맡기면 부작용이 크기 때문입니다.

예를 들어 편의점 매니저가 있다고 가정해보지요. 오늘은 아이스크림 종류 판매가 잘 됐는데, 한동안 날씨나 주변 손님들 선호도를 생각할 때 판매가 늘어날 가능성이 있습니다. 주문량을 늘려 잡아 돈을 더 벌고자 하는 '의지'가 있다면 공격적으로 주문량을 늘려 잡을 것이고, 그렇지 않은 사람이 수동적으로 매번 주문하던 수량만을 주문한 다음 많은 고객을 재고가 없다며 돌려보낼 것입니다. 여기서 주문량을 결정하는 것은 매니저의 '의지'이며 다른 조건은 부차적인 문제입니다.

그런데 이런 판단을 AI에게 맡길 수 있을까요? 기술적으로야 대체가 가능할 것 같습니다. 매상을 판단하고 분석해 일정 수치가 되면 주문량을 늘려 잡아 자동으로 주문이 들어가게 만들면 되는 일이기 때문이죠. 그런데 책임지고 일을 해서 매출을 늘려 보려는 매니저라면 당연히 이 주문 수치를 매번 확인하려고 할 것입니다. 만약 그런 의지가 없는 매니저라면 AI에게 맡겨 두고 편하게 일을 하려고 하겠지요. 즉 AI를 쓴다고 해도, 업무가 편해질 수는 있지만 결국 매니저의 의지가 가장 중요하다고 할 수 있는 겁니다.

'자아' 역시 대단히 중요합니다. 예를 들어 서비스직 같은 경우는 AI 시스템을 도입할 때 대단히 주의가 필요합니다. 개인적으로 서비스직에 종사하는 사람일수록 굳건한 자아를 갖는 편이 더 좋다고 믿고 있습니다. 자기 자신의 존재를 알고, 그 소중함을 느끼고 있다면 타인을 배려할 때도 그런 점이 드러나기 때문입니다(여기서 자아는 '자존심'과는 다릅니다. 서비스직이 자존심을 챙기려 들면 여러 가지 문제가 발생할 수 있겠지요). '나라면 이런 서비스를 받고 싶다, 나라면 이런 서비스가 가장 뛰어나다고 여긴다'는 생각이 서비스에 반영되기 때문입니다. 이런 분야는 AI를 도입할 때 보조적으로만 활용하는 것이 좋습니다.

👶 '손재주'는 로봇이 인간을 이길 수 없다

사람들은 '미래가 되면 거칠고 험한 일은 AI와 로봇이 도맡아 줄 것이고 우리 인간은 지식노동만을 하며 편하게 살아갈 수 있을 것'이라고 단정하는 경향이 있습니다. 이런 생각은 일부분은 맞고, 일부분은 틀릴 수 있는데, 우선 생각보다 기계장치가 덜어줄 수 있는 육체노동이 그리 많지 않습니다. 기계장치가 등장하며 더 큰 물건을 옮길 수 있고, 공사현장에서는 더 큰 구멍도 뚫을 수 있게 됐지만, 그만큼 인간이 만드는 건축물의 크기도 늘어났습니다. 예를 들어 건설현장에서 일하는 사람이 있다고 해봅시다. 이 사람이 과거의 건설노동자에 비해 체력이 더 적게 필요하다고 생각되지는 않습니다.

이런 점은 AI＋로봇의 시대가 왔다고 해도 마찬가지입니다. 의외로 지식노동은 AI에 강점이 있습니다. 그런데 사람이 손으로 직접 하는 일은 로봇으로 대체가 불가능한 경우가 적지 않습니다. 이는 인간의 기초과학이 아직 거기까지 도달하지 못했기 때문입니다. 우선 앞서 말한 것처럼 정밀한 손가락을 만드는 기술이 대단히 부족합니다. 우선 병원의 의료 시스템을 볼까요? 의료현장은 빠르게 AI와 로봇기술이 보급되고 있습니다. 영상의학과에서는 환자의 X레이나 초음파영상, 자기공명영상(MRI), 컴퓨터단층촬영(CT) 영상 등을 AI로 해석하려는 움직임이 일고 있으며, 병리학과에서는 사람의 세포 모양을 AI로 해석하려고 노력 중입니다. 내과에서 환자의 검사결과를 해석해 처방전을 자동으로 의사에게 추천해 주는 AI도 이미 개발돼 있습니다.

그런데 병원에서 사람이 손으로 하는 일은 의외로 로봇으로 대체가 불가능합니다. 주사를 놓거나, 환자를 검사하면서 검사장비를 조작하거나, 붕대를 갈아주거나, 수술을 사람 대신 해주는 AI 로봇은 단 한 대도 본 적이 없습니다. 물론 여러 종류의 수술로봇이 존재하는데, 이런 로봇은 앞서 말한 것처럼 모두 사람의 손재주를 '강화'해주는 장치, 이른바 '보조형 로봇'입니다. 넓은 의미에서 보면 고성능 수술 도구일 뿐이지, 수술 그 자체를 자동으로 해내는 기계장치가 아니지요. 여기서 중요한 것은 자기 자신을 의

사라고 생각하고 '내 책임하에 수술을 하는구나'라는 사실을 아는 '자아', 그리고 의사로서 환자를 치료하겠다는 의지가 합쳐지는 것이 중요합니다. 이런 의사 없이 그냥 로봇에 수술을 맡기는 상황은 절대로 바람직하지 못하지요.

이런 분야는 얼마든지 볼 수 있습니다. 예를 들어 건물을 새로 짓는나고 가정해봅시다. 요즘엔 아예 AI가 자동으로 주택 설계를 해주는 프로그램도 개발된 것들이 있습니다. 집을 짓고 싶으면 자신이 가진 땅 도면만 컴퓨터에 집어넣으면, 그 다음엔 멋들어진 집의 설계도를 땅의 형태에 맞게 자동으로 그려주는 식입니다.

국내 모 건축회사 사장은 ICT 기업과 협업을 통해 독자적으로 AI 설계 프로그램을 만들었는데, 주어진 땅에서 최대한의 수익을 기대할 수 있는 공간 구성을 AI가 자동으로 제안해준다고 하더군요. 이 프로그램의 성능이 어느 정도 되는지는 직접 보지 않아서 알 수 없지만, 만일 전문 연구팀이 꾸준히 성능을 갈고 닦는다면 분명 바둑의 알파고와 같이, 인간은 도저히 이길 수 없는 설계 전문 프로그램이 될 것입니다. 법적인 책임을 질 건축사가 최종적으로 사인만 한다면 설계는 5분 안에 끝이 나겠지요. 현재 이런 식으로 작업을 하고 있지는 않은 것으로 보이지만, 기술적으로는 분명 가능한 일입니다.

그런데 그 건물을 실제로 지을 때는 어떻게 될까요? 건설 현장에 로봇 여러 대를 보낸 다음 스위치만 누르면 AI로봇이 자동으로 집을 지어 줄까요? 그럴 리가 없다는 것을 이제는 여러분들도 잘 알고 있을 거라고 생각합니다. 매일매일 사람들이 달려들어 손으로 일을 해야 합니다. 척박한 야외 환경에서 건축물의 기초를 다질 때는 물론이거니와 철근을 넣고 엮어내는 일, 내부에 전기 배선을 연결하는 일, 파이프 및 배관을 연결하는 일 등은 모두 사람의 손을 거쳐야 합니다. 이런 작업에서 로봇의 도움을 받는 경우는 물론 점점 많아지고 있습니다만, 모든 상황을 AI를 통해 알아서 척척 처리하도록 맡기는 경우는 생각하기 어렵습니다.

따라서 미래에는 의사라면 외과 의사가, 건축업 종사자라면 현장 기술자가 더 일자리를 구하기 쉬울 가능성이 큽니다. 공장에서 일을 할 때도 기계장치 등을 정밀하게 조립하는 기술자는 우대받을 수 있습니다. 반대로 말하면 단순 제품조립이나 포장 등의 업무는 AI와 로봇 시스템으로 대체되는 경우를 자주 볼 수 있겠지요. 즉 손재주가 필요한 숙련공의 일은 AI와 로봇으로 대체가 어렵다는 뜻입니다. 사실 이런 일은 현시대에는 비교적 3D업종처럼 구분되어 지원자가 그리 많지 않다는 점도 경쟁력을 높이는 데 중요한 요인 중 하나일 것입니다.

🐵 언어능력은 미래 사회의 기본기

몇 년 전 길을 걷다가 '새 아파트'를 좀 구경하라고 권유하는 영업사원을 만난 적이 있습니다. 그날 본 모델하우스의 특징은 컴퓨터를 가져다두고 자동으로 집을 설계해서 보여주는 것이었습니다. 물론 '연결주의 AI'를 동원한 고성능 AI는 아니었습니다. 가족 숫자, 라이프스타일 등 몇 가지 조건을 입력하면, 현재 만들어 분양하고 있는 몇 종류의 아파트 중 하나를 골라 보여주는 간단한 프로그램이었지요. 현재 기술은 마음만 먹는다면 이 정도로 그치지 않습니다. 가상현실(VR) 안경만 쓰고 있으면 내 눈앞에 다양한 종류의 집이 순식간에 펼쳐지는 '메타버스' 방식의 분양사무실도 있다고 하더군요.

그런데 여기서 생각해볼 문제가 하나 있습니다. 이런 고성능 서비스로 총무장한 AI 자동안내 시스템이 아파트 계약을 더 많이 성사시킬까요, 아니면 수년 동안 부동산 업계에서 일했던 경험 많은 영업사원이 옛날 방식처럼 건축물 평면도와 사진 몇 장을 들고 영업을 하는 것이 더 계약을 많이 성사시킬까요?

이 답은 정해져 있습니다. 첨단 기술이 있는 것은 좋습니다. 대단히 도움이 많이 되지요. 하지만 뭔가를 결정하고, 그 과정에서 결국 고객은 '사람'에게 서비스를 받고 싶을 것입니다.

　필자가 '커뮤니케이션의 중요성'을 이야기할 때 가장 자주 드는 사례로 '건축설계사' 이야기가 있습니다. 만약 여러분이 미래에 건축설계사가 되고 싶다고 생각해봅시다. 그런데 현재 기술로도 AI를 통한 건축설계는 가능합니다. 3D 프린터 등 로봇기술과 연결하면 축소 모형까지도 순식간에 만들어줄 것입니다. 실제로 이런 컴퓨터 프로그램을 적극적으로 도입하는 건축회사도 많습니다. 사람들은 보통 이런 프로그램이 개발됐다는 이야기를 들으면 '큰일났다, 건축설계사들이 일자리를 잃게 생겼다'고 이야기를 하곤 합니다. 이 말을 듣고 우리는 하고 싶었던 건축설계사 일을 포기하고 다른 진로를 알아봐야 할까요?

　어느 정도는 영향을 받을 수밖에 없습니다. 직접적으로 '이제 AI가 있으니 당신은 내일부터 출근하지 말라'는 소리를 듣는 사람은 그리 많지 않겠지만, 최소한 신규채용 숫자는 줄어들겠지요. 하지만 건축설계사라는 직업이 사라지지는 않을 것입니다. 누군가 '나는 건축설계사로 꼭 일을 하고 싶다'고 생각한다면 반드시 길이 있기 마련이지요. '일자리 숫자가 줄어들면 경쟁률이 높아지지 않을까?'라는 걱정은 하지 않아도 괜찮습니다. AI와 로봇 세상이 오면서 이 세상에 직업의 종류가 많아진다는 건, 건축설계사로 일을 하고 싶어 하는 사람의 비율이 줄어든다는 말과 같습니다.

중요한 것은 건축설계사에게 요구하는 역량이 변한다는 사실입니다. 건축설계사 자체는 오랜 훈련이 필요한 전문직이며, 건축물을 설계해주는 것 그 자체가 주된 일입니다. 당연히 건축설계사는 AI의 도움 없이도 건축물을 설계할 능력을 갖고 있어야 하지요. 그런데 미래가 되면 이런 기본적은 능력에 더해 반드시 요구받는 능력이 있습니다. 그것은 바로 '언어능력'입니다. 앞의 부동산 영업사원 사례를 생각해 보면 쉽게 이해할 수 있을 것 같습니다. 사람들이 전문가를 찾는 이유는 '상담'을 원하기 때문입니다. 비싼 돈을 들어 집이나 빌딩을 짓는데, 직접 스스로 모든 것을 판단할 수 있는 사람은 많지 않습니다. 그렇기에 전문가를 만나 의견을 나누고 싶어 하겠지요.

전문가의 도움 없이 AI 프로그램만 집을 설계한다 한들, 비전문가는 이게 제대로 된 집인지 판단하기 어렵습니다. 이때 고객과 '이야기'를 제대로 나누고 상담해줄 수 있는 것은 인간만이 가능한 일입니다. 같은 인간 중에선 '더 잘 소통하는 사람'이 더 높은 대우를 받는 것은 당연한 일이지요. 즉 이제는 기본적인 설계 실력을 바탕으로 사람들과 소통하는 능력, 이른바 커뮤니케이션 능력이 더욱 더 부각되는 세상이 온 것입니다.

AI를 건축설계에 활용하는 경우가 점점 많아지고 있다. 사진은 국내 기업이 공동주택 3D 자동설계 시스템을 활용해 만든 배치 조감도 예시

출처: 현대건설

그리고 커뮤니케이션 능력은 언어능력이 기본입니다. 가끔 '미래에 대응하려면 코딩 공부를 하고 로봇교실을 다녀야 하느냐?'는 질문을 자주 받는데요, 물론 코딩과 로봇 제작의 원리를 익히는 것은 유익한 일입니다. 시간적 여유가 된다면 이런 공부를 해두어서 손해 볼 일은 없겠지요.

문제는 '그보다 우선해야 할 것'이 바로 언어능력이라는 점입니다. 앞서 몇 가지 사례로 이야기했듯이, 기본적인 언어능력이 갖춰진 다음에야 첨단기술이 빛을 발합니다. '요즘 누가 글을 써서 소통하느냐, 영상이나 사진이 더 중요하다'고 이야기하는 사람도 가끔 볼 수 있습니다. 이런 점은 유튜브 영상 하나를 봐도 알 수 있습니다. 아무리 화려한 사진, 영상제작기술이 있다고 해도 그 안에 등장하는 사람들의 언어능력이 조악하고 전달력이 떨어지면 그 채널을 보고 있는 사람이 적을 수밖에 없습니다.

그렇다면 미래에 대비하기 위해 우리는 어떤 공부를 해야 할까요. 우선 기본적인 인이능력을 키워줄 수 있는 공부를 확실히 해 두어야 합니다. AI시대이기 때문에 언어능력이 더욱 중요해시고 있기 때문이기도 하지만, 그에 앞서 언어는 학습의 기본이기 때문입니다. 우리가 학교에서 배우는 언어는 크게 세 가지이지요. 첫째는 자국어, 즉 한국어입니다. 우리는 한국 사람이고, 말은 물론 생각조차 한국어로 합니다. 즉 한국어 실력이 탄탄한 것이 모든 학습의 기본이 됩니다.

국어시험 점수를 잘 받으라는 이야기가 아닙니다. 그것도 중요합니다만, 그보다는 언어의 기본적인 사용법과 정확한 단어의 사용법, 읽기와 쓰기, 듣기와 말하기의 기본 언어 실력 향상을 목표로 공부했으면 합니다. 두 번째는 국제공용어, 즉 영어 실력입니다. 세상에 귀중한 정보는 거의 다 영어로 되어 있다고 해도 과언은 아닙니다. 영어를 자유자재로 할 수 없다는 말은, 세상의 귀중한 정보들을 학습할 기본이 되어 있지 않은 사람이라는 말과 같습니다. 학자들 사이에서 이미 언어는 세계 공통어가 됐습니다. 세 번째는 수학입니다. 수학은 자연현상을 이해하기 위한 가장 기본적인 언어입니다. 수학을 제대로 하지 못하면 이공계 관련 모든 지식을 읽고 이해하는 것이 불가능해집니다.

과거에는 이런 지식의 기본적 역량이 부족해도 어느 정도 괜찮았습니다. 손재주, 즉 '기술'을 익히면 전문가로 대우받고는 했으니까요. 공부는 못해도 뭐 한 가지만 잘하면 전문가로 대우받고는 했습니다. 하지만 미래 사회는 그와 다르게 변해가고 있습니다. AI와 로봇이 출현하면서, 과거엔 사람이 하던 일을 기계가 하는 일이 점점 늘어나고 있습니다. 그 말은, 단기간 교육을 통해, 혹은 단순반복을 통해 익힌 기술은 경쟁력이 점점 더 낮아지고 있다는 이야기입니다. 즉 새롭게 생겨나는 일자리일수록 적지 않은 훈련과 교육을 받은 일자리이며, 로봇이나 다른 사람의 업무를 지휘 감독하는 일일 가능성이 큽니다.

이 세 가지 언어능력에 더해 추가로 어릴 적부터 익혀 두면 좋은 한 가지 지식이 있습니다. 그것은 바로 컴퓨터 시스템에 대한 기본적인 이해입니다. AI는 기본적으로 컴퓨터 소프트웨어입니다. 즉 컴퓨터 안에서 움직이지요. 로봇 역시 마찬가지입니다. 기본적인 제어를 컴퓨터로 하게 됩니다. 컴퓨터가 들어 있지 않은 로봇은 한 대도 없지요. 더구나 이미 세상은 컴퓨터 없이는 움직이기 어려울 정도입니다.

자동차를 운전하고 갈 때 만나는 신호등도 컴퓨터로 자동 조작되는 것이 많지요. 기차를 시간표에 맞게 자동으로 운전하는 것도 컴퓨터입니다. 비행기 예약, 주차장 출입 관리 등도 모두 컴퓨터로 이뤄집니다. 여러분의 집에 연결된 전기나 수도, 가스의 공급을 관리하는 것도 이제는 컴퓨터 없이는 생각하기 어렵습니다. 이미 우리 사회는 컴퓨터를 기본 시스템으로 삼아 움직이고 있다고 해도 과언이 아니랍니다. 이 말이 코딩을 익히고 로봇을 제어방법을 익히라는 것이 아닙니다. 컴퓨터에 대한 기본적 이해가 있어야 앞으로 어떤 새로운 지식을 익힐 때 걸림돌이 되지 않을 수 있다는 뜻입니다.

미래사회의 전문가란 언어라는 기초가 완성돼 있는 사람입니다. 기본적인 언어능력을 갈고 닦아 커뮤니케이션 역량을 길러 나가고, 나아가 자신이 일해나가야 할 분야에서 전문성을 길러나가야 합니다. 사람들과 소통하고, 자신의 의사를 전달하는 능력, 다른 사람의 의도를 파악하고 자신의 의사와 서로 합의점을 찾아내는 능력은 무엇보다 중요한 미래 사회의 '공통 기본기' 중 하나가 아닐까 생각해봅니다.

'창의력 이야기'에 현혹되지 말자

"4차산업혁명시대에 자잘한 일은 모두 AI와 로봇이 맡게 될 것이다. 복잡하고 어려운 공부를 할 필요가 없어진다. 우리 인간은 '창의력(創意力)'을 갈고 닦아야 한다."

가끔 많은 사람을 모아 놓고 이런 이야기를 하는 사람을 적지 않게 볼 수 있습니다. 4차산업혁명시대가 도래하면서 AI에는 없는 창의력은 '인간만이' 가지고 있으며, 그 창의력을 키우는 교육방법이 중요하다는 이야기입니다.

그런데 이런 이야기를 듣고 있자면 대단히 궁금한 점이 하나 생겨납니다. '공부를 따로 해야 한다'고 주장하는 '창의력'이란 것의 정체란 과연 무엇일까 하는 점입니다.

창의력을 표준국어대사전에서 찾아보면 '〔명사〕 새로운 것을 생각해내는 능력'이라고 적혀 있습니다. 위키피디아도 찾아보았는데, 이렇게 적혀 있더군요. '창의성(創意性, 문화어: 창발성, 영어: creativity)은 새로운 생각이나 개념을 찾아내거나 기존에 있던 생각이나 개념들을 새롭게 조합해내는 것과 연관된 정신적이고 사회적인 과정이다.'

즉 '4차산업혁명시대에는 창의성이 중요하다'고 이야기하는 사람들은 'AI는 기존에 있던 생각이나 개념을 새롭게 조합하지 못하며, 새로운 방식을 생각해내거나 기발한 문제해결 방식을 제시하지 못한다'고 믿고 있는 것입니다. AI는 인간이 만들어 놓은 업무 방식을 그대로 답습하면서 일을 자동으로 척척 처리하기만 한다고 생각하는 듯합니다. 그러니 인간이 창의적 생각을 해 AI에게 일감을 주면 되고, AI는 그걸 받아서 묵묵히 수행하게 될 거라는 생각이지요. 그런데, 그런 말이 정말 사실일까요?

이런 이야기가 나올 수 있는 건, 처음부터 AI나 로봇 시스템을 근본적으로 이해하지 못하고 있기 때문입니다. 연결주의 AI가 본격적으로 보급되기 시작한 2010년대 이전엔 이런 이야기가 어느 정도 사실인지도 모릅니다. 실제로 기계는 창의성을 거의 갖지 못했고, 사람이 이런 부분은 모두 고민하여 기계가 순서대로 움직이도록 정해줘야 했습니다.

하지만 AI와 로봇기술이 합쳐지며 다양한 혁신이 일어나고 있는 현 상황에 이런 지적은 옳지 않습니다. 물론 창의력이 있는 사람이 되는 것은 물론 대단히 중요한 문제인데, 그 창의성이 AI와 차별화되는 인간만의 특징이라고 생각하는 것은 대단히 큰 착각입니다.

이미 AI는 특정 영역에서 인간 이상의 창의력을 발휘합니다. 바둑을 두면 세계 정상급 프로기사를 이길 수 있고, 글을 쓰라고 하면 시를 씁니다. 소설을 쓰고, 그림을 그리고, 작곡을 하지요. 어느 것이든 인간만이 할 수 있다고 생각되던 '창의'의 영역입니다. 가끔 '그런 것은 인간을 단순히 모방한 것이고 진짜 창의력이 아니다'라고 이야기하는 사람도 볼 수 있는데요, 인간의 창의력 역시 기본적으로 모방을 바탕으로 합니다. '기존에 있던 생각이나 개념들을 새롭게 조합해내는 것' 역시 훌륭한 창의의 영역인데, 이 분야에선 인간이 절대 AI를 이길 수 없습니다.

필자가 'AI의 창의성'을 설명할 때 사례로 자주 드는 것이 컴퓨터 게임 '벽돌격파(Break Out)'입니다. 바둑 AI 알파고를 만든 영국의 '딥마인드'가 이후 구글에 인수되면서 '구글 딥마인드'가 됐지요. 그들은 알파고를 개발하기 전에 다양한 컴퓨터 게임용 AI를 개발하곤 했습니다. 그들은 벽돌격파 게임에도 도전했습니다. AI에게 사람 대신 컴퓨터 게임을 하라고 시키고 그 결과를 살펴보는 일종의 실험이지요.

벽돌격파 게임은 대단히 유명해서 아마 누구나 알고 있을 것 같습니다. 컴퓨터 등으로 할 수 있는 굉장히 단순한 게임입니다. 화면 속에 불규칙하게 벽돌들이 늘어서 있고, 벽돌은 공에 부딪히면 파괴됩니다. 그리고 벽돌에 부딪힌 공은 튕겨 나와 다른 곳으로 가게 되는데, 화면 아래쪽으로 떨어지면 공을 잃어버리게 됩니다. 3개의 공을 모두 잃어버리면 게임에 지게 됩니다.

그러니 게임을 하는 사람은 화면 아래쪽에 있는 작은 반사판 하나를 조이스틱을 조작해 좌우로 움직여, 공이 밑으로 떨어지지

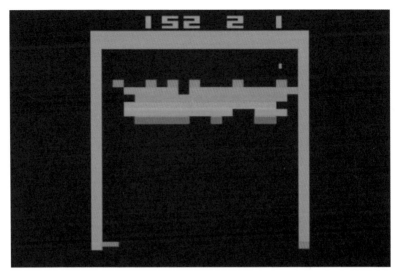

AI가 '벽돌결파' 게임을 플레이하고 있는 모습

않도록 계속해서 받아내야 합니다. 이렇게 계속 버티다 결국 화면 속의 벽돌이 모두 깨어지면 승리하게 됩니다. 단순하지만 의외로 어려워서 컴퓨터 게임을 잘 하는 사람들도 고득점을 내기가 쉽지 않지요.

딥마인드는 '딥러닝' 기술을 이용해 개발한 AI가 사람 대신 벽돌격파 게임을 하도록 했는데, 게임의 기본 규칙 이외에 아무런 정보를 주지 않았습니다. 그리고 여러 차례 반복 훈련을 시켜 실력이 얼마나 좋아지는지를 알아보려고 했습니다. 처음에는 예상대로 조금씩 실력이 좋아졌는데요, 600번 정도 반복 학습을 시키자 놀라운 일이 벌어졌습니다. AI는 기발한 방법을 스스로 만들어 냈습니다. 고의로 옆쪽으로 공을 튕겨내 가장자리의 벽돌을 먼저 파괴했습니다. 공을 위쪽으로 튕겨 올라갈 길을 만든 것입니다. 그리고 공을 화면 맨 위로 올려보내 벽돌 위쪽에서 계속 연속으로 튕겨 다니도록 유도했지요. 가장 고득점을 내는 방법, 인간은 보통 생각하지 못하는 실로 '창의적인 방법'을 스스로 찾아낸 것입니다. 딥마인드의 CEO 데미스 허사비스는 한국 KAIST에서 특강을 갖고 "이런 방법을 한 번 알아낸 다음부터는 계속 그 방법으로 플레이를 했다"며 "누구도 이런 방법을 가르쳐준 적이 없었기에 개발진들도 적잖이 당황했다"고 했습니다.

창의력은 인간에게 있어 물론 중요합니다. 문제 해결의 열쇠가 될 수 있고, 새로운 발명과 발견의 계기가 될 수 있으며, 많은 사람들에게 감동을 주는 훌륭한 작품을 만드는 토대가 될 수 있습니다. 이런 창의성이 뛰어난 사람은 어떤 시대에서건 존경받고 존중받을 가치가 있지요. AI가 창의성이 다소 있다고 해서 인간이 가진 광범위한 창의성과는 차이가 있을 것입니다.

창의력을 말 그대로 새로운 것을 만드는 능력이지요. 창의력을 기르기 이전에 우리는 어떤 것이 창의적이고 어떤 것이 과거의 낡은 방법인지를 구분할 줄 알아야 합니다. 무엇보다 기본이 튼튼해야 합니다. 기본적인 영어 실력이 되지 않으면서 영어로 시를 쓸 수 있을 리 없고, 수학 실력이 충분하지 않은 사람이 새로운 수학의 해법을 개발해낼 수 있을 리 없습니다. 별다른 지식 없이 그저 반짝하는 아이디어를 내는 것은 가능할지 모릅니다만, 이미 그런 것은 AI가 훨씬 더 잘 발휘하는 세상이 됐습니다.

진정한 창의력이란, 학문의 기본을 충분히 갈고 닦은 사람이, 과거에 창의적이었던, 현대에 보편화된 방식을 충분히 답습해두었을 때 비로소 생각해낼 수 있는, 오랜 학습과 경험의 선물 같은 것이지요.

그리고 창의력 한 가지만 중요하다고 생각하면 오산입니다. 스스로 책임을 지려는 주체성, 그리고 꼼꼼히 점검하고, 실패 없이 일을 추진해나가는 능력 '실행력'이 오히려 더 중요할 수 있기 때문입니다. 사회생활을 하면서 인간에게 필요한 능력은 무엇일까요. 여러 가지 구분이 있지만 개인적으로 가장 마음에 드는 것은 다음의 표에서 볼 수 있는 일본 정부가 '사회가 정말로 원하는 개인의 능력'을 조사해 '사회인의 기초력 12가지'로 정리해 발표한 내용입니다.

이 표에서 보듯 사람이 일을 할 때, 창의력이 차지하는 비중은

앞으로 나아가는 힘	생각해내는 힘	팀에서 일하는 힘
▲ 주체성 : 자진해서 일에 매달리는 힘	▲ 과제 발견력 : 현상에 맞는 과제를 확실히 하는 힘	▲ 발신력 : 자기 의견을 알기 쉽게 전하는 힘
▲ 설득력 : 다른 사람을 설득해서 끌어들이는 힘	▲ 기획력 : 과제를 해결하기 위한 프로세스 설정 능력	▲ 경청력 : 다른 사람의 의견을 정중히 듣는 힘
▲ 실행력 : 목적을 설정하고 행동하는 힘	▲ 창조력(창의력) : 새로운 가치를 만들어내는 힘	▲ 유연성 : 다른 의견을 이해하는 힘
		▲ 정황 파악력 : 주변 사람과 일의 관계를 이해하는 힘
		▲ 규율성 : 룰과 약속을 지키는 힘
		▲ 스트레스 조정력 : 스트레스에 대처하는 능력

여러 가지 기본 조건 중 하나일 뿐입니다. 더구나 앞서 이야기한 대로 과제 발견력이나 기획력, 창조력 등은 AI로 일정 부분 대체가 가능한 분야입니다. 즉 '생각해내는 힘'만 강한 사람은 AI와 로봇이 주도하는 현 사회에 도리어 경쟁력이 떨어질 수 있습니다.

그런데 '앞으로 나아가는 힘'이나 '팀에서 일하는 힘'은 자아나 의지와 관계가 큽니다. 주체성은 기본적으로 자아에서 생겨나는 힘이지요. 자신의 존재를 알아야 타인과의 관계를 유지할 수 있습니다. 그 과정에서 '설득력'이 생깁니다. 자신의 의견을 알기 쉽게 전하는 '발신력'도 마찬가지지요. 일을 추진하는 실행력도 대단히 중요한 자질입니다.

반대로 이야기한다면, 이런 능력을 갖추지 못한 사람이 과제 발견력이나 기획력, 창의력 등을 대단히 뛰어난 수준으로 갖추고 있다고 해도 성공적인 평가를 듣지 못할 가능성이 큽니다. 타인에 비해 아이디어가 뛰어나고 기획력도 뛰어난 사람이 일을 주도적으로 하지 않으면 질책과 비난의 대상이 될 뿐이겠지요.

평소에 주위를 보면 매사 무슨 일에서건 '나는 그런 것을 배우지 않았어요', '나는 그런 것을 할 줄 모릅니다', '나는 문과 출신입니다'라고 하면서 자신이 해야 하는 일에 선을 긋는 사람이 적지 않습니다.

이런 점은 기계나 컴퓨터, 수학 등 이른바 이과의 영역에 속하는 지식이나 기술을 요구할 때 더욱 강해집니다. 그때야말로 '문과 출신'이라는 말은 대단한 면죄부가 된다고 생각하는 것 같기도 합니다. 자신은 일을 할 수 없으니 안 해도 되고, 배울 생각이 능력도 없으며, 그저 동료로서 내가 하고 싶은 일만 하고 있다가 과실이 나올 때만 공평히 나누어야 한다고 주장하지요. 물론 모든 일에 열심이고 과학적 상식까지 뛰어난, 존경할 만한 인문계열 분들도 적지 않습니다. 그저 그런 핑계를 대는 사람을 적지 않게 본다는 말입니다.

AI와 로봇기술이 시대의 주역으로 부각되고 있습니다. 이 시기가 오면서 문과 졸업생들의 위기의식도 높습니다. 최근 들어 '문송(문과라서 죄송)하다'는 말이 자주 들리는 것은 이런 이유가 아닌가 여겨지기도 합니다.

그런데 현실을 한 번 살펴봅시다. 실제로 문과의 가치는 점점 올라가고 있습니다. 미국에선 최근 수년 사이 기술의 윤리적 측면을 간과하다가 역풍을 맞은 IT(정보기술) 기업이 잇따라 나오면서 철학·윤리 전공자에 대한 수요가 높습니다. 첨단기업에서 도리어 문과 채용문의가 높다는 것입니다. 다음 장에서도 조금 다룰 생각입니다만, 로봇과 AI시대가 오면서 세상이 바뀌고 다양한 법과 제도의 변화가 일어나고 있습니다. 이런 시기에는 법, 제도, 윤리 등 기존 문과의 영역이 한층 더 주목받는 것은 어찌 보면 당연한 일입니다. 문과야말로 시대의 주역이라 말하는 것은 이런 까닭입니다.

물론 이 과정에서 절대로 잊지 말아야 할 것이 하나 있습니다. 새로운 사회에 걸맞은 법과 제도, 윤리를 제시하려면, 과학과 기술에 대해 기초적, 기본적 상식을 반드시 갖춰야 합니다. '문송한 문과'가 아니라, '과학기술을 이해하고 있는 문과'가 되어야 한다는 말입니다. 최근에는 과학철학, 기술윤리 등 과학기술과 인문학의 융합학문도 대학원 과정으로 주목받고 있습니다. 고도의 이과적 지식을 바탕에 두고 있지 않더라도, 과학기술의 원리와 응용방법에 대한 기본적인 이해 정도를 가져줄 필요가 있습니다.

👦 인류 역사상 사라진 직업은 없어……
기술자 될 필요는 없다

기술이 발전하면 당연히 사회의 모습이 변화하게 됩니다. 그 변화의 흐름에 편승하느냐, 어떤 방식으로 살아가느냐는 어디까지나 삶을 책임질 자신이 선택하는 것입니다. 과거의 방식대로 사는 것을 나무랄 일도 아니며, 과거의 방식이 효율이나 삶의 만족도 면에서 더 떨어진다고 단정하기도 어렵습니다.

이 이야기를 할 때 필자가 자주 예로 드는 것이 손목시계입니다. 고급 손목시계는 거의 대부분 태엽식이지요. 많은 학생들이 좋아하는 '스마트워치'는 당연히 초소형 컴퓨터가 들어간 첨단 제품이지요. 태엽식 시계는 값이 싼 것은 수십만 원, 비싼 것은 몇천만 원에서 몇 억 원을 호가합니다. 반면 스마트워치는 비싼 것이라고 해도 100만 원을 넘지 않습니다. 이런 점을 감안하면 현 시대에 가장 가치를 인정받는 시계는 역설적이게도 태엽식 시계지요. 장인이 수작업으로 하나하나 조립해 만든 시계의 가치가 인정받는 것입니다. 사실 스마트워치도 마찬가지입니다. 삼성이나 애플 등에서 만든 고급 제품이나 겨우 50~100만 원을 받을 수 있을 뿐입니다. 기능에서는 거의 차이가 안 나는 제품들을 5~10만 원에 살 수 있는 경우도 허다하지요. 갑자기 가격이 10분의 1로 줄어든 겁니다. 왜 이런 일이 있는 걸까요? 우리가 모르는, 기술보다 중요한 뭔가가 있다고 여겨지지는 않습니까?

사람들이 흔히 하는 생각 중 하나가 '최첨단 기술의 흐름을 따라잡지 못하면 도태되고 말 것'이라고 생각하는 것입니다. 그래서 앞으로 외교관이 되고 싶은 학생이 코딩을 배우러 학원에 다니고, 법관이 되고 싶은 학생이 방과 후에 로봇교실에 다니는 일이 벌어집니다. AI와 로봇의 시대라고 하니 그것들을 제대로 배워 두어야 한다는 단순한 생각인 것 같습니다. 그런데 막상 그렇게 하고 있는데도 제대로 미래에 대해 대비하고 있는지 잘 모르겠고, 배우고 있는 것의 쓸모를 체감하기도 어렵지요.

아직 청소년 학생들이라면 앞서 이야기한 대로 당연히 기본적인 언어능력을 기르는 데 집중해야 합니다. '나는 이과를 갈 거야'라고 생각하는 사람은 코딩을 배워도 괜찮을까요? 아닙니다. 여전히 기본적인 언어능력, 즉 국어와 영어, 수학이 중요합니다. 코딩은 대학에 가서 배워도 충분합니다. 필자는 과학기자로 일을 하면서 주위에서 수없이 많은 사람들을 만나볼 수 있었습니다. 그런데 이 사람들 중 고등학교 때 코딩을 열심히 해서 좋은 대학, 좋은 학과에 진출한 사람은 보지 못했습니다. 코딩 자체는 기본적인 언어능력이 갖춰진다면 필요할 때 배워도 충분합니다. 실제로 배우고 익히는 데 몇 개월 걸리지 않는 기술입니다. 이것을 배우고 익히느라 기본적인 언어 능력을 키울 중요한 시기를 놓치는 손해를 보지 않았으면 합니다.

물론 코딩을 익히는 것은 좋은 일입니다. 필요하면 해야 합니다. 컴퓨터 소프트웨어의 기본적인 동작 원리를 이해할 수 있고, 어느 정도 실력이 붙으면 자기 스스로 필요한 앱을 만들 수 있게 되면서 스스로 컴퓨터 시스템의 기능을 제어할 수 있게 됩니다. 하지만 자신의 전공 분야에 집중하지 않은 채 어설프게 코딩교육을 받는다고 미래에 대응할 역량이 생겨날 리 만무합니다. 시대의 흐름에 적응하겠다며 이런 공부를 하는 것은 대단히 어리석은 일이지요.

누구나 자신이 하고 싶어 하는 일이 있을 것입니다. 그 일은 대장장이일 수도 있고, 농부일 수도 있습니다. 이런 직업은 과거부터 있었던 것이지요. 앞으로 이런 일을 하고 싶다고 생각하는 사람이 잘못된 판단을 하는 것이 아닙니다. 관건은 직업의 종류가 아니라 현대를 살아가고 있는 사람으로서 현대의 첨단 기술이 가진 가치를 이해하고, 자신의 직업이 현대에서 어떤 가치가 있는지, 그 차이를 확실히 알고 있어야 한다는 점입니다. 과거의 기술을 기반으로 한 직입일지라도 현대 사회에 따라 변화된 가치를 이해하고 있다면 충분한 경쟁력을 가질 수 있지만, 여전히 과거의 방식 그대로 운영하려 한다면 도태되고 말겠지요.

예를 들어 사냥꾼은 인류 최초의 직업이라고 할 수 있습니다. 그러나 사냥꾼은 현대에도 있는 직업이지요. 과거 사냥꾼은 식량을 구해 오는 것이었지만, 요즘 사냥꾼은 해수(해로운 동물) 구제가 주된 업무입니다. 그렇다면 공부를 해야 할 것이 엄청나게 많지요. 총기 면허도 가지고 있어야 하고, 사격 훈련도 해야 하며, 어떤 동물이 해수인지도 구분할 수 있어야 하고, 사냥한 동물의 합법적인 처리방법도 알아야 합니다. 주위 자연환경을 지킬 의무도 따르지요. 그러니 이미 사냥꾼은 상당한 전문직입니다. 분명히 같은 직업인데, 시대가 바뀌고 나니 사회에서 요구받는 역량이 달라졌습니다. 시대의 흐름과 기술의 특징을 알지 못한 채 '나는 사냥꾼이니 짐승만 잘 잡으면 된다'고 생각하는 사람은 경쟁력이 없는 사람이 될 가능성이 대단히 높습니다.

가끔 '제가 하고 싶은 직업이 없어지면 어떻게 하나요?'라는 질문을 받곤 합니다. 필자가 단언할 수 있는 점은, '인류 역사가 시작한 이래로 지금까지 사라진 직업은 단 하나도 없다'는 사실입니다. 직업군의 비율만이 시대의 변화에 따라 조정되고 있을 뿐입니다. 반드시 그 일을 하고 싶다면, 선택의 여지는 분명히 남아있기 마련이지요.

이제 이 문제를 AI와 로봇기술의 시대에 맞게 비교해봅시다. AI와 로봇기술의 시대에 우리가 영위하고 싶은 직업의 의미는 어떻게 변화하게 될까요? 예를 들어 벽화를 그리는 화가가 있다고 생각해봅시다. 화가는 뛰어난 아이디어와 그림 실력을 바탕으로 듣기 좋은 벽화를 꼼꼼하게 잘 구성하는 역량이 중요합니다. 이것은 화가의 기본이지요. 그런데 AI와 로봇기술이 기술이 보편화된 미래에도 과연 이런 역량이 중요해질까요?

물론 스스로 그림을 그릴 수 있는 역량은 필요합니다. 그런데 막상 작업을 할 때는 그보다 더 중요한 역량이 있습니다. 사실 그림은 이미 AI도 그릴 수 있습니다. 여기에 로봇 팔을 접목하면 사람보다 훨씬 넓은 영역에, 훨씬 더 빨리, 훨씬 더 깔끔하게 그릴 수 있을 것입니다. 만약 AI가 생성한 그림이 마음에 안 든다면 조

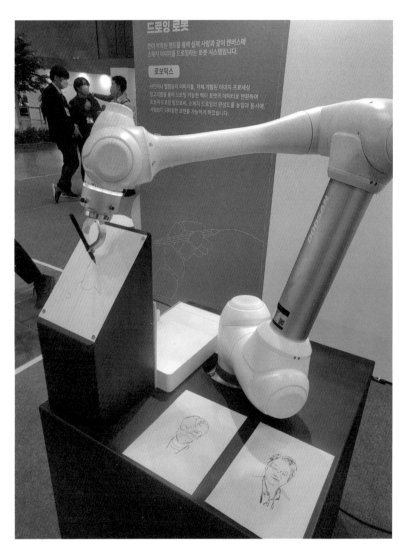

로봇박람회에서 발견한 드로잉 로봇. 이미 AI와 로봇이 합쳐져 사람처럼 그림을 그릴 수 있는 세상이 됐다. 이 시기에 중요한 건 그림을 그리는 역량 자체가 아니라 작품 제작 과정을 총괄하는 능력이다.

건을 바꾸어 처음부터 다시 작업하면 됩니다. 벽화 하나를 그리는 데 몇 분이면 충분할 테니까요.

이런 상황에 인간 화가가 '혼과 땀을 불어넣어 처음부터 모든 것을 직접 내가 다 손으로 그리겠다'고 하면 어떤 일이 벌어질까요? 물론 이렇게 작업해도 가치를 인정받을 수 있을지 모릅니다. 그런 작업 방식을 선택하는 것 역시 본인의 자유이지요. 하지만 이런 방식으로 작업해 높은 수익을 낼 수 있는 사람은 극소수일 것입니다. 대부분의 화가는 그림의 특성을 이해하고, 거기에 맞게 AI 프로그램을 조작해 로봇 팔로 그림을 그립니다. 그 과정에서 부족한 부분은 직접 손으로 그림을 그릴 수도 있습니다. 이 과정에 중요한 것은 어떤 그림이 필요한지를 정확히 이해하고, 거기에 맞게 색채와 그림의 형태를 구성할 수 있는 능력, 그리고 그 조건에 맞게 AI와 로봇 팔을 활용해 작업을 완수해내는 능력입니다. 이런 일을 하려면 스스로 그림을 그릴 줄 알아야 하는 것은 물론이거니와, 벽화를 그려달라고 요구한 고객의 요구를 역시 십분 이해하는 커뮤니케이션 역량, AI 시스템의 특징을 이해하고 능수능란하게 다루는 역량 역시 갖춰야 합니다.

이처럼 AI로봇이 보편화되면 대체할 수 있는 일은 점점 많아질 것이고, AI를 능수능란하게 써서 일을 하는 사람이 더 많아질 것입니다. 그렇다면 우리 인간이 주도적으로 해야 하는 일은 어떤 것들이 있을까요. 첫째는 기계로 하기엔 당장 대체하기가 아주 어려워 결국 사람이 하는 편이 더 효율적인 것들입니다. 예를 들어 꽃꽂이 같은 작업은 AI가 아무리 학습을 한다고 해도 어디다 어떤 꽃을 어떻게 꽂아야 할지 딱히 정해진 규칙도 없고 학습을 시키기도 힘이 듭니다. 더구나 로봇 팔로는 할 수 없는 꽤 복잡한 손재주까지 필요하지요. 이런 경우는 AI와 로봇에게 맡기기보다 사람이 직접 하는 것이 여러모로 유리하다고 할 수 있습니다.

AI와 자동화 기술의 특징을 이해하고 고민해본다면, 미래에 인간은 어떤 일에 집중해야 할지 의외로 답을 금방 알 수 있습니다. 병원에 가면 증상을 듣고, 몸의 체온을 재는 등 기초적인 검사를 하고, 필요하다고 판단하면 정밀 검사를 하게 되지요. 이런 검사 결과를 종합해 진단을 내리는 일은 이미 AI도 할 수 있습니다. 그런데 검사를 받는 도중에 검사장비에 환자를 눕혀주고 도와주는 일은 결국 간호사가 해주어야 합니다. 앞서 이야기한 것처럼 수술도 외과 의사가 없이는 불가능한 영역이지요. 로봇수술을 받는다고 해도 그 로봇을 조종해서 수술을 하는 것은 결국 사람이니까요.

누구도 AI와 로봇기술의 기술의 명백한 미래는 알 수 없습니다. 확실한 건 인간 대신 많은 일을 자동으로 처리할 수 있는 유용한 기술이라는 점이며, 그리고 그것으로 인해 우리가 편리해진다는 점입니다. 그리고 우리가 맡겨야 할 일과 우리가 집중해야 할 일이 나뉜다는 것입니다.

이런 점을 명백히 알고 있으면 앞으로 어떤 직업이 비전이 있을지, 어떤 직업이 일자리가 없어지는지 등을 애써 걱정하지 않아도 괜찮을 것 같습니다. 미래사회에 주목받을 첨단 기술이 존재한다고 해서, 우리 모두가 반드시 그런 직업을 갖기 위해 노력해야할 필요가 있는 것은 아니라는 의미입니다. 미래가 온다고 애써 하고 있던 일을 그만둘 필요도, 또 하고 싶었던 일을 포기할 필요도 없습니다. 적성에 맞는 일을 포기한 채 미래에 유망해 보이는 직업을 애써 찾아 나설 필요도 없지요. 우리가 집중해야 할 것은 하고 싶은 일, 혹은 하고 있는 일이 미래에는 AI와 로봇기술의 세상 속에서 어떤 의미를 갖게 될지, 그래서 자기 자신이 앞으로 어떤 역량을 더 갈고 닦아야 할지를 스스로 생각해 보는 것입니다.

로봇은 인간의 노예인가, 친구인가

　로봇의 성능은 점점 더 높아지고 있습니다. AI의 성능도 점점 더 높아져 이제는 옛날과 달리 굉장히 많은 일을 할 수 있습니다. 앞으로 로봇이 우리 사회에서 차지하는 역할은 점점 더 커지겠지요. 따라서 우리는 그 변화에 대해 관심을 가질 필요가 있습니다.

　간혹 이런 고민이 필요 없다고 여기는 사람들도 있습니다. 기술이 발전하면 그대로 가져다 사용하면 되지, 사용자 입장에서 그 기술로 인해 변하는 사회 모습까지 고민할 필요가 없다는 거지요. 물론 이 역시 미래를 받아들이는 속 편한(?) 방법 중 하나일 수 있습니다. 하지만 결코 바른 자세라고 하기 어렵겠지요. 미래는 우리들이 준비해나가는 것입니다. 로봇을 연구하고, 제품으로 만들어 판매하는 사람들이 바라보는 것은 우리 일반 사용자입니다. 우리가 원하는 로봇의 모습을 미리 고민하는 것은 세상의 발전에 큰 도움이 되겠지요. '이런 형태의 로봇이 있으면 좋겠다', '이런 로봇을 만드는 건 윤리적으로 옳지 않다', '이런 AI의 개발은 주의해야 하지 않을까'와 같은 우리들의 고민이 모여 세상을 움직여나갈 테니까요.

그래서 책 마지막으로 조금 더 먼 미래의 이야기를 해보면 어떨까 생각해보았습니다. 그렇다면 '인간과 함께 살아가는 로봇'은 어떤 모습일까요. 우리는 그런 로봇을 어떻게 생각하고, 또 어떻게 사용하면 좋을까요?

🤖 킬러로봇을 만들어도 될까

'로봇 3원칙'에 대해서 들어본 사람이 많을 것 같습니다. 로봇을 만들 때는 반드시 세 가지 기본 원칙을 입력해야 하는데, 그것은 ①로봇은 인간을 해치지 못하고 ②로봇은 인간의 명령을 들어야 하며 ③로봇은 자기 스스로를 지켜야 한다는 것입니다. 로봇은 1번 원칙에 어긋나지 않는 한 2번 원칙을 지켜야 하며, 1번과 2번 원칙에 어긋나지 않는 한 3번 원칙을 지켜야 합니다. 이 원칙을 처음 만든 건 유명 SF 소설가 '아이작 아시모프(1920~1992)'입니다. 영화 〈아이로봇〉도 아이작 아시모프가 쓴 원작을 다시 영화로 만든 것입니다. 이 영화를 보면 로봇 3원칙을 지키기 위해 싸우는 로봇의 모습이 그려지지요.

3원칙을 만든 첫 번째 이유는 아마도 '로봇우 안전해야 한다'고 생각했기 때문일 것입니다. 모든 로봇이 이렇게 만들어진다면, 실령 사람보다 더 똑똑한 로봇이라고 해도 인간을 절대 공격하지 않고, 또 말도 잘 듣겠지요.

그런데 문제는 모든 로봇에 3원칙을 적용할 수 없다는 점입니다. 대표적인 경우가 군인들이 사용하는 '전쟁용 로봇'입니다. 3원칙이 적용된 전쟁로봇은 주인의 명령을 받더라도 적군을 공격하지 않으려고 하겠지요. 그렇다고 1원칙을 빼버린다면 그건 그 나름대로 문제가 됩니다. 그 원칙대로 하면 주인이 '공격하지 말라'고 명령한 경우가 아니면 어떤 것도 공격이 가능합니다. 자기 몸을 지키거나 주인의 명령을 지키는 데 방해가 되는 존재라고 여겨지면, 로봇은 아군이나 민간인까지도 공격해버리겠지요. 그렇다고 아무 원칙도 없이 고성능 AI를 갖춘 전쟁용 로봇을 만들 수도 없는 일입니다. 이 경우 우리는 어떻게 해야 좋을까요?

전쟁로봇이라고 하면 굉장히 여러 종류가 있을 수 있습니다만, 가장 많은 우려를 낳는 것이 이른바 '킬러로봇'입니다. 이미 AI나 로봇기술은 전차나 전투기, 미사일 등의 군사 장비를 만들 때 굉장히 많이 쓰입니다. 하지만 그래도 괜찮은 이유는 '최종 사격명령을 사람이 하는' 방식이기 때문입니다. 즉 사람이 방아쇠를 당겨 공격하면 아무리 성능이 뛰어나도 일반 군사용 무기로 구분하며, 로봇이 자기 스스로 사람을 찾아다니며 공격하면 킬러로봇이 됩니다.

현재 킬러로봇의 개발은 세계 AI 및 로봇공학자 사이에서 대단히 금기시되는 행위입니다. 얼마나 심각하느냐 하면, 어떤 대학이나 연구기관이 '킬러로봇을 개발하겠다'고 발표하면, 전 세계 과학기술자들이 달려들어 '당장 그만두라'고 압력을 행사할 정도입니다. 이 일을 우리나라 한국과학기술원(KAIST)이 겪었답니다. 2018년 4월, 57명의 해외 AI 및 로봇기술 연구자가 우리나라 KAIST와 어떤 공동연구도 하지 않겠다고 선언한 적이 있습니다. 'KAIST에서 킬러로봇을 개발한다고 했는데, 우리는 용납할 수 없다. 하지만 너희들이 연구하는 걸 막을 방법은 없으니 왕따를 시키겠다'고 선언한 것입니다.

사건의 발단은 이랬습니다. 그해 2월 KAIST는 학교 내에

'KAIST-한화시스템 국방인공지능융합연구센터'를 새롭게 만들었는데, 외국인 기자 한 명이 이 사실을 전하면서 '킬러로봇을 개발하는 곳'이라고 썼고, 이를 본 외국 과학자들은 상황을 심각하게 받아들여 이런 일을 벌이게 된 겁니다.

물론 KAIST는 해명에 나섰습니다. 학교 총장님이 57명 전원에게 '인간을 공격하는 무기를 개발하는 곳이 아니다'라고 반박 이메일을 보냈고, 국내 언론을 대상으로도 설명 자료를 냈죠. 결국 그들을 대표하는 한 교수가 '오해가 풀렸고 KAIST와 다시 협력할 수 있게 돼 반갑다'고 답신을 보내왔습니다. 사태는 일단락됐지만, 도대체 왜 이런 오해를 받았는지는 짚어볼 문제입니다. 단순히 기사 하나를 보고 많은 과학자들이 집단행동을 했을 리는 만무하니까요.

먼저 국제적으로 국내 AI로봇 연구에 대한 의혹이 컸습니다. 한국은 이 문제에서 이미 '전과자' 취급을 받고 있습니다. KAIST와 연구센터를 공동으로 만든 '한화시스템'은 같은 그룹 계열사인 한화테크윈(구 삼성테크윈)은 과거 킬러로봇을 실제로 만든 적이 있습니다. 휴전선 일대에 설치해두고, 적군이 내려오면 자동으로 판단해 사격할 수 있는 '경계로봇'이었죠. 이 로봇은 '대표적 킬러로봇 개발 사례'로 아직도 관련 학회에서 수시로 거론됩니다. 이런

국내 기업이 개발한 자율 살상 기능을 갖춘 경계로봇. 대표적인 킬러로봇 예시로 자주 거론된다.

출처: 삼성테크윈(현 한화테크윈)

한화가 KAIST와 손잡고 '국방+AI'를 융합하는 연구를 하겠다니, 해외 과학자들이 보기엔 적잖이 우려됐겠지요.

그렇다면 과학자들은 왜 이토록 킬러로봇의 개발에 부정적일까요. 사실 킬러로봇을 모든 면에서 '악의 존재'라고 단정하기는 어렵습니다. 킬러로봇을 전쟁에 투입한다는 건, AI로봇이 사람을 죽일 수 있다는 말입니다. '그러니까 당연히 하지 말아야 한다'고 모두가 이야기하면 좋겠지만 막상 현실적으로 그렇지가 않습니다. 로봇이 사람 대신 전쟁에 나선다는 건, 그만큼 우리나라 군인들이 목숨을 걸 위험이 줄어든다는 것을 의미합니다.

'우리나라 로봇이 외국 병사를 죽이는 나쁜 행동을 해선 안 되니, 대신 사람들이 목숨을 걸고 전장으로 나가라'는 말이 과연 윤리적일까요? 여담입니다만 지금은 러시아 - 우크라이나 전쟁 과정에서 많은 수의 드론을 킬러로봇으로 활용하고 있습니다. 드론을 띄워 정찰을 보냈다가, 적군이 발견되면 자동으로 공격하게 만들어 놓은 것입니다. 우크라이나 입장에선 병력도, 무기도 부족한 상황에서 킬러로봇 드론이 없었다면 러시아 같은 큰 나라와 이렇게 비등한 전쟁을 계속하기 어려웠을 것입니다. 우크라이나 사람들에게 '킬러로봇을 쓰지 말라'는 이야기야말로 크게 비윤리적인 말이겠지요.

킬러로봇의 개발 범위에 대한 논의도 잦습니다. '킬러로봇 기술을 어디까지 허용할 것이냐'를 놓고 국가 간 신경전이 벌어질 정도입니다. 미국이나 러시아, 중국 등의 군사 선진국은 첨단 기술을 갖고 있고, 로봇을 통제할 자신도 있으니 적극적으로 관련 기술을 도입하려고 합니다. 반대로 그렇지 못한 나라들은 어떻게든 기술도입을 늦추려고 노력하지요.

그래서 여러 나라 대통령이나 총리, 대기업 총수 등이 모여 세계의 미래를 논의하는 유엔 총회, 다보스포럼 등에서도 킬러로봇은 단골 논의 주제입니다. 과학기술자들 사이에서도 이 문제에 대한 논의가 잦아서 AAAS(전미과학진흥협의회) 등에서도 자주 회의가 열립니다.

앞으로 킬러로봇을 개발하고 보급하는 과정이 어떻게 변해갈지 알 수 없는 일입니다. 하지만 일단 AI 및 로봇 연구자들 사이에선 '웬만하면 개발하지 말자'는 목소리가 더 강하게 들립니다. 그 이유는 두 가지인데요, 첫 번째는 방금 이야기한 대로 사람의 목숨을 빼앗는 행위를 로봇에 맡길 수는 없다는 윤리적 이유입니다. 두 번째로는 '로봇을 통제할 기본적인 원칙'을 마련하는 과정에서 예외 조항을 두기 어렵기 때문이 아닐까 여겨집니다. 로봇 3원칙, 혹은 그것을 대신할 기본적인 로봇의 행동 원칙을 만들고 이를 모든 로봇에 적용할 수 있다면 로봇과 인간이 함께 살아갈 세상을 만드는 데 훨씬 유리할 수 있습니다. 이 상황에서 킬러로봇이라는 이질적인 존재는 굉장히 불편하게 여겨질 수밖에 없으니까요. 전쟁에선 로봇을 쓰지 말고, 그밖에 모든 로봇은 '기본적인 원칙'에 따라 만들면 좋겠다고 여겨지는 듯합니다.

하지만 세상은 꼭 합리적인 방향으로만 흘러가지 않습니다. 미래에 킬러로봇이 어떤 방식으로 개발되고 적용돼나갈지, 다 함께 지켜볼 필요가 있을 것 같습니다.

🤖 로봇에게 '윤리'를 가르쳐야 하는 이유

만화 〈철완아톰(이하 아톰)〉을 알고 계시나요. 필자가 이 작품을 좋아하는 이유는, '인간과 로봇이 함께 살아가는 세상'에 대해 정말 깊은 고민이 담겨 있기 때문입니다. 아톰을 모르는 사람은 많지 않겠지요. 일본의 만화작가 '데츠카 오사무'가 1950년대에 연재를 시작해 당시 장기간 연재했던 작품입니다. 지금도 간혹 극장판 애니메이션이 개봉되고 있을 정도로 유명하죠.

어릴 적에 이 만화를 볼 때는 크게 신경을 쓰지 못했는데, 나중에 어른이 되어 이 만화를 다시 보니 그 만화 속 '설정'이 정말로 놀라웠습니다. 이 작품 속에 등장하는 로봇들은 사람 못지않게 똑똑하며, 나름의 성격과 개성도 갖고 있습니다. 그렇지만 로봇으로서 의무가 있고, 또 사람으로서 의무가 있지요. 아톰은 정의감 넘치면서 올곧은 어린아이 형태입니다. 비슷한 만화로 네이버에 연재됐던 웹툰 '나노리스트'가 생각이 납니다. 필자가 '로봇과 함께 살아가는 세상'에 대해 이야기할 때 아톰과 함께 자주 언급하는 작품입니다. 이 만화의 주인공은 '나노'인데, 체구가 아담하고, 얼굴도 예쁘고 귀여워 주위 사람들로부터 인기도 좋습니다. 다혈질 성격이어서 불같이 화를 내기도 하고, 짜증을 내거나 투덜거리기도 잘합니다. 하지만 나노의 실상은 무시무시한 전쟁병기지요. 나노는 자신의 주인과 웃고 떠들면서 가족처럼 살아가고 싶어 하지만, 그의 무시무시한 힘을 차지하고 싶어 하는 사람들 때문에 어쩔 수 없이 싸움에 휘말립니다. 이런 줄거리를 볼 때, 나노리스트의 작가가 아톰 세계관의 영향을 많이 받은 건 틀림없는 사실 같습니다.

아톰과 나노리스트의 다른 점은 로봇을 인간의 '소유물'로 본다는 점일 것 같습니다. 아톰 세계관에서 로봇은 사람과 대등한 존재입니다. 로봇에게 일을 시키려면 직원으로 채용해 월급을 줍니다. 로봇은 그렇게 돈을 벌어 자유롭게 살아갑니다. 어린아이 로봇을 구입해 가족을 만드는 경우도 볼 수 있었지요. 다만 로봇으로서 지켜야 할 규칙 같은 것이 있습니다. 인간을 다치게 하는 등의 행동을 하지 못하는 제약이 걸려있는 것입니다.

반대로 나노리스트에 등장하는 로봇 '안드로이드'는 사람이 돈을 주고 살 수 있는 물건입니다. 사람이 로봇을 대하는 태도도 제각각이지요. 어떤 사람은 로봇을 친가족처럼 여기지만, 어떤 사람은 그저 '기계장치'로 치부합니다. 어떤 경우든 로봇은 주인이 명령을 하면 복종해야 하지요. 즉 이 세계관에서 로봇은 인간의 '소유물'입니다. 사람처럼 똑똑한데, 사람의 소유물인 존재는 어떤 것이 있을까요. 바로 '노예'입니다.

노예의 입장은 참 특이합니다. '주인이 누구냐'에 따라 그 로봇이 가지고 있는 사회적 힘은 크게 차이가 나지요. 나노리스트엔 대기업 회장이 소지하고 있는 로봇이 있는데, 사람 대신 회사의 임원으로 일을 합니다. 즉 로봇이 많은 인간의 상사인 셈이지요. 그와는 반대로 그저 가사를 돕거나 고등학생의 사설 경호원으로 일하는 로봇도 있습니다. 인간 노예도 이와 비슷했습니다. 우리나라 조선시대 때는 노예를 '노비'라고 불렀지요. 노비 중에는 왕궁에서 일하는 노비도 있었습니다. 이런 노비는 권세가 제법 막강했겠지요. 조선시대 노비는 사유재산을 가질 수 있었기 때문에 양반보다 부자인 경우도 꽤 있었습니다. 이런 노비는 다시 다른 노비를 부릴 수 있을 정도였지요.

노예해방 문제로 미국이 남북전쟁을 벌인 것이 1861~1865년입니다. 우리나라의 노비제도는 1894~1895년 진행됐던 갑오개혁으로 폐지됐습니다. 이처럼 불과 100여 년 전만 해도 노예제도를 운영하는 나라는 적지 않았습니다. 아직도 아프리카 일부 국가에는 노예제도를 유지하고 있는 나라(모리타니공화국 등)가 있다고 하니 안타까운 일이지요.

사람을 사람이 소유한다는 사실 자체가 지금 생각하면 어이없는 일이지요. 현대사회에 노예제도는 있어선 안 될 일일 것입니다. 하지만 사람이 만들어 사용하는 '로봇'을 통제하고, 또 일을 시키기 위해선 분명 어떤 제도가 필요합니다. 그 제도가 노예제도를 닮아가는 것은 어쩔 수 없는 일인지도 모릅니다.

로봇과 인간이 함께 살아가는 세상이 되려면, 로봇의 행동을 제약하기 위한 제도 역시 만들어야 합니다. 사실 이 제도 중에서 가장 대표적인 것이 바로 로봇 3원칙입니다. 최초의 로봇 행동 규약으로 보아도 무리가 없을 것 같습니다.

필자는 어릴 때 로봇 3원칙을 잘 들여다보고 이해가 안 가는 부분이 있었는데, 바로 세 번째 원칙입니다. 로봇은 자기 자신을 희생해서라도 주인을 지키거나 명령을 수행해야 하는 것 아닐까? 그렇다면 3번 원칙, '자기 스스로를 지켜라'라는 원칙은 의무를 수행하는 과정에서 방해만 되는 것이 아닐까? 라고 생각했습니다. 나중에 어른이 되고 다시 생각해 보니, 이는 아마도 로봇을 인간의 '재산'으로 보기 때문에 만든 규칙이 아닐까 생각하게 됐습니다.

로봇이 망가져 버리면 주인이 큰 손해를 보게 되니 그런 명령을 넣어 두는 것이지요. 당시에도 아이작 아시모프도 '똑똑한 로봇은 노예처럼 쓰일 것'이라고 생각했던 것 같습니다.

아무튼 로봇 3원칙은 정말로 로봇의 행동을 규약할 수 있는 근본적 원칙을 짧은 세 줄의 내용에 너무나 잘 담은 것이라 아직까지 이것을 넘어서는 원칙은 찾기 어려워 보입니다. 현재 쓰이고 있는 수많은 로봇 관련 규정도 로봇 3원칙의 형태를 하고 있는 것이 많답니다. 하지만 너무 포괄적이고, 세세한 규정을 정의하기 어려운 것은 사실이지요. 그러니 최근엔 로봇과 AI의 행동을 제약하는 여러 가지 법이나 규정이 생겨나고 있습니다.

먼저 살펴봤으면 하는 것이 유럽연합(EU)의 결의안입니다. 유럽연합은 이 결의안은 2017년 1월 12일 벨기에 브뤼셀에서 열린 EU 의회에서 AI로봇의 법적 지위를 '전자 인간(electronic personhood)'으로 지정하는 결의안을 실제로 의회에서 통과(찬성 17표, 반대 2표, 기권 2표)시켰습니다. 물론 2017년 당시에도, 그리고 2024년 지금 현재도 로봇은 인간만큼 똑똑하지 못하며, 그럴 우려도 거의 없습니다. 하지만 이런 규정을 미리 만들어 미래 사회에 대비하려는 것으로 보입니다.

이것은 로봇에게 인간이 일을 시키는 데 필요한 권리를 미리

문서로 정해놓은 것입니다. 이렇게 되면 로봇이라는 존재에 대해 새롭게 정의할 이름이 필요가 있게 되므로, 그 이름을 '전자인간' 이라고 정한 거죠. 이런 것은 법 규정을 보면 쉽게 이해할 수 있습니다. 부모님이 낳은 진짜 사람은 '자연인'이라고 부른답니다. 법이란 사람 사이에 일어나는 일을 규정한 것이므로 자연인은 법의 기본 단위입니다. 그런데 법에서 이야기하는 '사람'은 꼭 인간이 아닌 경우가 있습니다. 여러 사람이 모여 회사를 만들면, 그 회사를 법적인 사람으로 등록하는 경우가 대표적입니다. 이것은 '법인' 이라고 하지요. 회사를 다니는 사람의 월급 명세표를 보면 'XX기업' 등으로 써 있는데, 이것은 '법적인 사람'이 자연인인 직원에게 돈을 입금해준 것입니다. 즉 인간이 아니면서도 법적으로 인간과 비슷한 권한을 갖고 있는 거죠.

'전자인(간)'도 마찬가지입니다. 앞으로 로봇을 개발하고 활용하기 위한 법적 근거를 미리 마련한 것이지요. 이런 기준이 없으면 앞으로 로봇을 개발하고 판매하는 사람들이 혼란을 겪게 되겠지요. 사실 이런 제도를 만드는 것도 넓은 의미에서 보면 로봇을 노예처럼 쓰기 위한 노력입니다. 노예에게 주인이 심부름을 시켰다고 해봅시다. 그럼 노예는 최소한 주인 대신 물건을 사고팔 권리, 이른바 '상거래 권리'를 갖고 있어야 시킨 일을 할 수 있습니다. 인간으로서 가져야 할 권리를 굉장히 많이 제한당하고 있어 노예는 일체의 권리가 없다고 생각하는 경우가 있지만, 실제로 일을 하는 데 필요한 권리는 어느 정도 남겨 둘 수밖에 없지요. 조선시대 노비제도를 천천히 살펴보면 의외로 놀랍게 여겨집니다. 미국이나 유럽 등의 노예제도와 달리 조선시대 노비는 의외로 권리가 꽤 많았습니다. 노비를 이유 없이 처벌하거나 살해할 수 없었고, 폭행 등 다른 범죄행위도 금지됐습니다. 심지어 노비를 성폭행하려 했던 주인에게 칼을 들고 저항해 주인을 상처 입혔다가 정당방위로 무죄를 받은 기록까지 나옵니다.

그렇다면 '전자인간'을 만들 때 기본적으로 지켜야 하는 규정은 뭐가 있을까요. 우선 '킬 스위치'를 탑재해야 합니다. 즉 로봇이 오작동 등으로 사람에게 위험한 행동을 할 때 즉시 그것을 정지시킬 수 있는 장치를 만들어야 합니다. 고성능 로봇은 당국에 등록해야 하고, 만일 로봇이 사고를 낼 시, 로봇을 전담하는 정부부처(로봇담당국)에서 시스템 코드에 접근할 수 있게 해야 한다는 규정도 달았습니다. 물론 지금 유럽연합에 이런 정부부처가 있지는 않습니다. 앞으로 이렇게 만들어나가야 한다는 의미지요.

특이한 것은 '로봇세'를 내도록 정한 것입니다. AI로봇이 사람 대신 많은 곳에서 일을 하면 산업 구조가 바뀌게 됩니다. 그 과정에서 일자리를 잃는 사람도 생겨나게 되겠지요. 로봇을 많이 가지고 있는 사람은 돈 벌기가 점점 쉬워지고, 가난한 사람은 로봇의 도움을 받지 못하고 혼자 일해야 합니다. 그러면 열심히 일해도 점점 더 가난해질 수 있습니다. 그래서 유럽연합은 '로봇세'를 도입해야 한다고 정했습니다. 로봇을 많이 가지고 있는 사람은 세금도 많이 내도록 해서, 그 돈으로 직장을 잃은 사람, 혹은 로봇이 없어서 일을 못하는 사람들을 돕는 것이지요. 유럽연합은 이런 결의안을 따르지 않는 로봇을 만들지 않고, 외국에서 수입하지도 않겠다고 했답니다.

2021년 11월 23일, 유네스코(UNESCO)는 국제기구로서는 처음으로 '유네스코 AI 윤리 권고'를 채택했습니다. 이번 권고에는 인공지능 기술이 인권이나 기본적 자유를 침해해선 안 된다는 내용, 인공지능의 건전한 발전을 보장하는 데 필요한 가치와 원칙이 담겼습니다. 유네스코의 '권고'는 국제법인 '협약'보다 구속력이 약하지만, '선언'보다는 구속력이 강합니다. 앞으로 AI와 로봇을 연구 개발하고 보급할 사람들에게 많은 기준이 되어주겠지요.

이런 '결의안'이나 '선언'의 문제를 넘어서 이제는 누구나 반드시 지켜야 할 '법'도 만들어지기 시작했습니다. 유럽연합은 2024년 3월 '인공지능 법안(AI Act)'을 만들어 통과시키기도 했습니다.

유럽연합이 만든 AI법 문서 표지

AI의 위험성을 4단계로 나눴는데, '허용되지 않는 위험' 단계의 AI 는 개발이 금지됩니다. AI나 로봇이 사람의 행동을 유도하거나(일 명 가스라이팅이라고 하지요), 차별을 조장하는 등의 활동에 AI를 사용 하는 것이 이 단계에 속한답니다. 사람의 생체정보를 수집해 인 종이나 종교 등에 따라 분류하는 것도 포함됩니다. 얼굴 데이터를 수집해 어디를 다니는지 추적하고 그 결과로 차별을 조장하면 안 된다는 거죠. '고위험' 단계의 AI는 적합성 평가를 받아 제한적으 로 개발해야 합니다. 기업에서 입사지원 분석을 하는 등, AI로 사 람을 평가하는 기술이 여기 해당합니다. '제한된 위험' 단계의 AI

는 자유롭게 개발, 보급할 수 있지만 필요할 때 검토를 할 수 있는 등의 기능을 남겨둬야 합니다. 챗GPT와 같은 생성형 AI 기능이 이 단계에 해당합니다. 마지막으로 '최소 위험' 단계의 AI는 누구나 자유롭게 만들고 쓸 수 있습니다. AI를 이용한 비디오게임 등이 여기 속합니다.

꼭 법이나 규정의 문제가 아닙니다. 나아가 누구나 지켜야 할 도덕적 기준 역시 마련해 나가야 합니다. 요즘 AI가 급속도로 발전하면서 'AI 윤리'를 만들자는 이야기가 많습니다. 앞 장에서 AI가 잘하는 일이 뭐라고 했나요? 학습된 많은 지식을 기반으로 뭔가 '판단'을 하는 일이라고 했습니다. 지금까지 이런 판단은 굉장히 단순한 것이었습니다. 우선 기술적으로 고도의 판단을 하도록 만들기가 어려웠고, 그런 판단에 대한 '책임'을 누가 지느냐 하는 점도 문제가 됐습니다. 그래서 과거에 개발됐던 AI로봇의 판단 능력은 아주 단순한 것이었습니다. 예를 들어 엘리베이터 스스로 점심시간이면 몇 층에 가서 기다릴지를 판단하게 만든다든가, 로봇청소기가 안방을 먼저 청소할지, 거실을 먼저 청소할지 결정하는 것과 같은 일이지요. 이런 판단으로 일어나는 문제는 아주 작은 것들이고, 조금 불편해도 사용자가 감수하면 되었습니다. 하지만 AI 기술이 점점 더 발전하면서 점점 고도의, 책임이 따르는 판단을 할 수밖에 없게 되었습니다.

예를 들어 자율주행자동차가 운전대를 조작하는 것을 AI에게 맡긴다면 어떻게 될까요. 만약 사고가 일어난다면 다른 자동차나 도로 주위 여러 가지 물건들을 크게 망가뜨릴 수 있고, 심하면 사람이 다칠 수도 있습니다. 이런 일이 발생하면 잘잘못을 가려 보상을 얼마나 해줄지를 결정해야 합니다. 즉 '운전대를 조작한다'는 일에 따르는 큰 책임이 따르는데, 그것을 AI로봇에 맡기려면 그 책임여부와 윤리문제를 꼼꼼하게 검토해야만 합니다. 이런 과정에서 절대적으로 필요한 기준이 'AI의 윤리' 기준이지요. 어떤 경우든 마찬가지입니다. 윤리란 어떤 것을 '판단'하는 주체가 가져야 할 가장 기본적인 덕목입니다.

따라서 요즘 이런 윤리 문제를 적극적으로 연구하자는 이야기가 많습니다. 사실 AI의 윤리 문제는 앞으로도 계속될 겁니다. AI는 사람들이 알고 있는 지식보다 더 많은 지식을 축적하고 분석할 수 있습니다. 그리고 맡아야 할 일도 앞으로 점점 더 많아지겠지요. 그렇게 되면 AI에게 어디까지 윤리적인 권한을 주고, 만약 AI가 실수나 오작동을 했을 경우 그 책임을 어떻게 질지, 일을 너무 잘해서 많은 경제적 이익을 얻었다면 그 이익을 누가 어떻게 나눠 가져야 할지 등의 문제를 모두 연구하고 고민할 필요가 있겠지요.

새로운 세상이 오고 있습니다. 거기에 맞는 원칙과 규약, 규정, 법과 윤리도 필요해지고 있습니다. 세상이 꼭 합리적인 방향으로만 흘러가지 않습니다만, 그렇다고 모든 사람들이 바보는 아닙니다. 과학기술계에 몸담고 있는 전문가들이 이런 고민을 누구보다 많이 합니다. '과학기술 정책'을 전문적으로 연구하는 박사님들도 많고, 그런 사람들이 모여 있는 전문 연구기관도 있습니다. 미래는 지금보다 더 똑똑하고 성능이 뛰어난 AI로봇이 등장하겠지요.

로봇은 앞으로 우리 인간의 친구가 될까요, 노예가 될까요. 그것도 아니면 인간을 공격하는 '킬러'가 될까요. 물론 이 모든 분야에 로봇이 쓰일 것입니다. 중요한 것은 거기에 걸맞은, 법과 규정을 포함한 사회 시스템입니다. 그런 시스템이 마련됐을 때 비로소 로봇은 인간과 함께 살아갈 준비가 됐다고 이야기할 수 있겠지요. 잊지 말아야 할 것은, 이 모든 것이 인간을 위한 것이라는 점입니다. 로봇은 그런 과정에 없어서는 안 될 소중한 수단이 될 것 같습니다.

'로봇강국 코리아'를 만들기 위한 조건

누구나 로봇 산업을 말하는 시대입니다. 새 시대에 로봇에 주목해야 하는 이유는 자명하죠. 새로운 시대엔 '정보화기기 속 세상과 현실세계가 하나로 합쳐질 것'으로 여겨지기 때문입니다. 예를 들어 자동차 산업에서 4차산업혁명이 도래한다는 말은, 내비게이션의 경로찾기 소프트웨어가 한층 발전하고, 이를 인간이 운전할 필요가 없이 목적지까지 찾아가는 '자율주행차', 즉 로봇 기술이 시장의 주력으로 부각된다는 말이지요. 이 같은 혁신의 과정에 로봇은 필수적 가치로 여겨지기도 합니다.

2023년 하나금융연구소 분석에 따르면, 2021년 말 글로벌 로봇시장 규모는 332억 달러 규모네요. 다른 자료를 보니 약 10년 전인 2012년에는 133억 달러 정도였습니다. 즉 그 사이 거의 3배 가까운 성장을 보였는데, 그럼에도 이 시장은 앞으로 점점 더 커질 것입니다. 2026년에는 741억 달러에 달할 것이라는 전망도 있습니다. 제조업용 로봇은 이미 주요 산업체 대부분에서 충분히 도입됐죠. 하지만 서비스용 로봇 시장은 현재까지도 기술적으로 초기 단계입니다. 즉 향후 로봇산업 성장은 지능형, 이른바 AI 기능을 접목한 차세대 제조업용 로봇으로 바꾸어나가는 수요, 그리고 지금도 계속 발전 중인 서비스용 로봇 시장이 동시에 끌고 나갈 것입니다. 즉 AI+로봇 형태의 신개념 로봇 기술이 무엇보다 중요해지는 시점이라는 뜻입니다. 사실 아직도 '사람을 위해 뭔가 제대로 일을 하는 로봇' 거의 없는 거나 마찬가지이니까요.

따라서 앞으로 진짜 서비스 로봇 시장, 즉 사람들이 생활하는 현실 세계 속에서 로봇의 가치는 점점 더 커질 것입니다. 공장용, 산업용 로봇을 넘어서서 현실사회에서 실제로 사람과 함께 움직이는 '서비스 로봇'의 세상이 다가오고 있습니다. 이미 의료용 수술 보조 로봇, 간병 로봇, 서빙용 로봇 같은 첨단 서비스 로봇이 등장하고 있는데, 이런 로봇은 대량생산과 시스템 안전화로 인해 로봇의 가격 역시 점차로 내려가겠지요. 누구나 자동차 한 대씩 구입하는 것처럼 누구나 로봇을 구매하게 되고, 점차 로봇이 인간을 위해 봉사하는 사회가 태동할 것은 불을 보듯 뻔합니다.

요즘은 자주 쓰이지 않는 말입니다만, 한때 '팍스 로보티카'라는 말이 유행했습니다. 미국의 패권주의를 뜻하는 '팍스 아메리카나'라는 단어에서 나왔죠. 앞으로 사회 전체가 로봇을 중심으로 흘러갈 것이라는 예측이 담겨 있는 말입니다. 여러 언론에서도 공공연하게 팍스 로보티카시대에 대비해야 한다는 말이 흘러나왔지요. 그리고 이 말은 실제로 사실이 되어가고 있습니다. 급격하게 커지고 있는 시장규모를 보면 명확하죠.

　다들 왜 로봇이 시장의 중심이 될 거라고 여기는 걸까요. 그 까닭은 로봇 산업은 다른 산업에 직접적으로 영향을 미치는 '기반기술'로서 가치가 크기 때문입니다. 예를 들어 자동차는 소비제품이며, 자동차를 이용해 다른 자동차나 냉장고를 만들 수는 없습니다. 하지만 로봇은 이야기가 다른데, 로봇기술을 보유한 기업은 이를 응용해 같은 산업용 로봇을 만들 수 있습니다. 기술을 응용해 군사용 로봇, 가정용 서비스 로봇을 두루 만들 수 있게 되죠. 물론 자동차나 냉장고 같은, 로봇이 아닌 전혀 다른 제품도 만들 수 있습니다. 즉 모든 생산 활동의 근간에 로봇이 들어갈 수 있다는 점을 감안한다면, 그 파급 효과

를 무사하기 어렵게 됩니다. 1차적으로 '가정용 로봇이 몇 대가 팔릴 것인지' 그 수요만 생각해선 안 되는 까닭이죠.

사실 로봇처럼 직접 생산에 관여하진 않지만, 이런 구조를 조금이나마 갖고 있는 분야가 하나 있었습니다. 바로 '정보기술(IT)' 분야입니다. 컴퓨터나 스마트기기에 들어갈 반도체나 메모리 구조를 개발할 때도 누구나 컴퓨터를 써서 일을 하죠. 그 제품을 판매할 때도, 재고를 조사할 때도, 배송을 할 때도 누구나 IT기기를 써서 일을 합니다. 그러니 IT분야 기술은 최소한의 수요를 유지하고, 그로서 시장 장악력을 가질 수 있는 기초산업입니다. 로봇은 IT기기와는 다르게 물리적으로 직접 제품을 생산해낼 수 있습니다. 그 파급 효과는 비교할 수 없이 크다고 볼 수 있습니다.

로봇이 미래 경제혁신의 견인차로 각광받는 것은 현재까지 개발한 거의 모든 지식과 기술이 들어가는 '과학기술의 종합상자' 같은 존재이기 때문입니다. 로봇의 몸체를 만들기 위해 필요한 금속 뼈대와 각종 액추에이터, 전압 관리, 컴퓨터 시스템 관리 등은 기본이지요. 이것들을 하나로 연결해 일괄 조종하는, 소프트웨어를 이용한 제어 기술을 확보해야 합니다.

사람처럼 생긴 휴머노이드 로봇을 한 대 만들려면 관절만 30~40개가 들어가고, 이 관절을 자유롭게 움직이려면 관절 하나마다 1~3개 정도의 액추에이터가 연결돼야 합니다. 그러려면 각각의 액추에이터를 제어하기 위해 로봇 속에 전자회로 기판만 수십 장이 필요하죠. 여기 연결되는 전선의 숫자는 미처 다 헤아리기도 어렵습니다. 이 중 전선 하나, 명령어 하나만 잘못돼도 로봇은 맥을 잃고 주저앉을 것입니다. 이런 로봇을 생산하고, 판매하고, 유지하려면 지금까지 가전제품이나 컴퓨터를 판매하던 것과는 비교조차 어려운 고도의 생산성과 유지보수 능력도 필요합니다. 기업은 과거보다 훨씬 높고 많은 역량을 요구받고 있습니다.

기존 'IT' 산업은 어디까지나 소프트웨어가 중심이었습니다. 물론 하드웨어의 발전도 중요하지만, 이는 '연산속도가 빨라지면 그만큼 소프트웨어로 더 효율적으로, 더 다양한 일을 할 수 있게 된다'는 뜻이죠, 연산속도 그 자체가 이야기의 핵심은 아닙니다. 대중에게 가장 큰 영향을 미치는 자동차 산업은 어떨까요. 반대로 하드웨어가 중심입니다. 최근엔 자동화 기술도 많이 활용하고 있지만 자동차의 통제는 여전히 사람이 직접 하죠, IT산업과 자동차산업은, 이 한 가지만으로도 거대한 산업을 이루기에 부족함이 없었습니다. 이런 점을 고려하면, 로봇이 모든 산업의 중심이 될 수 있다는 시각은 결코 허언처럼 들리지만은 않습니다.

이 시기에 우리가 해야 할 숙제는 명확합니다. 한국만의 독자적 로봇 산업 구조를 갖추는 일입니다. 한국과학기술기획평가원(KISTEP)은 정기적으로 〈기술수준평가보고서〉를 발간하고 있는데요, 세계 과학기술 중 핵심 120개를 추려 주요 5개국(미국, 일본, 유럽, 중국, 한국)의 수준을 고루 비교하는 방식입니다. 이 보고서가 나올 때마다 받아보곤 하는데, 거의 모든 분야에서 압

도적 1위를 차지하고 있는 것은 역시 미국이죠. 그리고 유럽과 중국, 일본, 그리고 한국이 서로 2위 자리를 보며 기술싸움을 벌이는 형국입니다. 그런데 미국도 유럽이나 일본에 뒤지는 분야가 왕왕 나오는데, 주로 의료나 헬스케어, 정밀산업 및 서비스, 전자기기 등 국가별 특기 분야입니다. 처음부터 미국만큼 전 분야에 대규모 자본과 투자를 이어가기 어려우니 자신의 철학을 갖고 특기 분야에 철저히 몰입한 결과라고 생각해도 좋겠지요.

하지만 한국은 이도저도 아닌 상황에 빠져 있습니다. 국가 규모상 미국처럼 다양한 분야에 대규모 투자를 할 여력은 없습니다. 그럼에도 불구하고 투자형태는 거의 유사합니다. 군사기술, 기초과학기술, 산업기술 등 거의 모든 분야에 손을 뻗습니다. 그러다 보니 우리의 특기 분야라고 할 수 있는 많은 분야에서 1위 자리는 일본과 미국, 유럽에 내어주고 힘겹게 2위 자리에서 달리기를 계속하고 있는 경우가 많습니다.

로봇 투자의 형태도 문제입니다. 한국은 전통적으로 산업용 로봇 분야에서 강세입니다. 실제로 세계 로봇시장의 절반 이상은 제조용 로봇이며, 이 분야 기술력 확보는 큰 의미가 있습니다. 하지만 세계적으로는 서비스용 로봇의 비율이 급속도로 늘고 있으며, 공장에서 일을 시키던 로봇도 이제는 AI화를 통해 서비스형 로봇으로 변모하고 있습니다. 굳이 우리나라의 강점인 '산업용 로봇'을 버리고 서비스 로봇에 올인하자는 말은 아닙니다만, 우리가 가야 할 길을 명확히 할 필요가 있어 보입니다. 더구나 이런 산업용 로봇조차 '협동로봇' 형태의 AI 접목형 로봇이 급속도 빠르게 성장하고 있는 형국입니다. 협동로봇 세계 시장규모는 2020년 8억 3,624만 달러에서 2025년 50억 8,849만 달러로 연평균 43.5퍼센트 성장이 예상되죠. 생산 로봇이냐, 혹은 서비스형 로봇이냐가 중요한 것이 아닙니다. 기술적 흐름도, 경제적 지표도 모두 그 손끝은 'AI형 로봇'을 가리키고 있습니다.

지금은 한국만의 역량을 살려 코앞으로 다가온 AI로봇시대를 본격적으로 대비해 나가야 할 때입니다. 우리만의 독자적인 철학이 무엇일지 고민하고, 거기에 적합한 로봇산업 생태계를 구축할 필요도 있습니다. 미국과 중국이 AI 분야 1위 자리를 놓고 '거인의 싸움'을 벌이고 있는 지금, 우리가 주목해야 할 분야는 어디일까요. 그 판에 뛰어들어 3위 자리를 바라보며 초라한 싸움을 이어나가야 할지, 기계기술 및 정밀 공학 분야 특기를 살려 'AI형 로봇'이라는 우리만의 특기를 만들어 나가야 할지, 깊게 고민해볼 시점은 아닌가 여겨집니다.

청소년이 함께 살아야 할
로봇과 AI

초판 1쇄 2024년 11월 4일

지은이 전승민
펴낸이 허연
편집장 유승현

편집부 정혜재 김민보 장아름 이예슬 장현송
마케팅 한동우 박소라 구민지
경영지원 김민화 김정희 오나리
디자인 김보현 한사랑

펴낸곳 매경출판㈜
등록 2003년 4월 24일(No. 2-3759)
주소 (04557) 서울시 중구 충무로 2(필동1가) 매일경제 별관 2층 매경출판㈜
홈페이지 www.mkpublish.com **스마트스토어** smartstore.naver.com/mkpublish
페이스북 @maekyungpublishing **인스타그램** @mkpublishing
전화 02)2000-2630(기획편집) 02)2000-2646(마케팅) 02)2000-2606(구입 문의)
팩스 02)2000-2609 **이메일** publish@mkpublish.co.kr
인쇄 · 제본 ㈜M-print 031)8071-0961
ISBN 979-11-6484-724-2(43550)